黄瓜破膜定植

黄瓜穴盘育苗

黄瓜露地支架栽培

盛开的雌花

盛开的雄花

雌性系

两性花

人工束花隔离制种

露地防虫网隔离制种

连栋冷棚制种

授粉后挂牌标记

黄瓜肥害

黄瓜猝倒病

黄瓜细菌性角斑病

黄瓜褐斑病

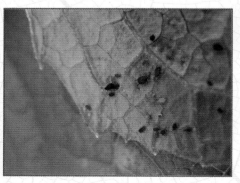

黄瓜叶片上的蚜虫

黄瓜制种技术

主　编

宋铁峰

编著者

刘永丽　赵聚勇　祁　智

郭晓雷　董福玲　金连财　山　春

金盾出版社

内 容 提 要

本书内容包括：概述，黄瓜的植物学特征和生物学特性，黄瓜品种混杂退化及防止措施，黄瓜制种基地建设，黄瓜制种技术，制种黄瓜栽培技术等。全书内容充实，技术科学，语言通俗易懂，彩图清晰准确，适合广大菜农、制种单位、基层农业技术推广人员及农业院校相关专业师生阅读参考。

图书在版编目(CIP)数据

黄瓜制种技术/宋铁峰主编 . -- 北京：金盾出版社，2013.1
ISBN 978-7-5082-7982-4

Ⅰ.①黄… Ⅱ.①宋… Ⅲ.①黄瓜—制种 Ⅳ.①S642.203.8

中国版本图书馆 CIP 数据核字(2012)第 255295 号

金盾出版社出版、总发行
北京太平路 5 号(地铁万寿路站往南)
邮政编码：100036 电话：68214039 83219215
传真：68276683 网址：www.jdcbs.cn
封面印刷：北京印刷一厂
彩页正文印刷：北京燕华印刷厂
装订：北京燕华印刷厂
各地新华书店经销
开本：850×1168 1/32 印张：4.375 彩页：4 字数：81 千字
2013 年 1 月第 1 版第 1 次印刷
印数：1~7 000 册 定价：10.00 元

目　录

第一章 概　述

一、黄瓜种质资源分类

黄瓜(*Cucumis sativus* L.)，又名胡瓜、王瓜、青瓜、刺瓜等，染色体数 $2n=14$，属葫芦科 1 年生蔓生植物。大多数植物学家认为黄瓜起源于印度北部的喜马拉雅山南麓。黄瓜由起源中心传播到世界各地，经过长期的自然选择和人工选择，品种在各地发生分化，形成不同的生态类型。根据品种的分布地区、生态学特征等，黄瓜种质资源可以分为以下几个类群。

1. 野生型　主要分布在起源地及其附近地区，如印度北部、尼泊尔、巴基斯坦、阿富汗、伊朗、我国西双版纳地区等。这些品种的果实通常较短圆、瘤稀、黑刺，严格要求短日照，喜炎热。属于这一类型的品种有 *C. sativus var. sikkimensis* Hooker f. *C. sativus* L. var. *xishuangbannanesis* Qi et Yuan 等。

2. 华北型　在我国华北地区分化形成，后传播到我国大部分地区及中亚细亚、朝鲜、日本等地。为我国目前的主栽黄瓜类型。华北型黄瓜果实多呈棍棒状，瓜条细长，多白刺，皮绿色，刺瘤明显，味浓，成熟瓜为黄色。对短日照要求不十分敏感，雌花节率一般较低，生长势中等，根系分布较浅，茎节较细长，叶薄，不耐移植，不耐干燥。对

1

黄瓜花叶病毒（CMV）免疫，成为当今很多欧美品种抗CMV基因的来源。代表性的地方品种有长春密刺、山东密刺、唐山秋瓜、郑州黑油条、安阳刺瓜等。目前主栽的品种有津优35、博美69、中农8号、津优1号等。

3. 华南型 主要分布在我国长江流域以南、沿海地区、东北地区，日本等地也有分布。华南型黄瓜果实较短粗，瘤小，刺稀，刺多为黑色，果实颜色为白、黄、绿等多种，味淡，成熟瓜为白、黄、棕等色，有些成熟瓜具网纹。多为短日照品种，茎粗壮，根系发育密而强，较耐旱。代表性的地方品种有广州二青、上海杨行、武汉青鱼胆、成都二早子、昆明早黄瓜及日本的青长、相模半白等。目前主栽的品种有唐山秋瓜、吉杂4号、绿园30等。

4. 欧洲温室型 在英国形成的适宜温室栽培的黄瓜类型，现主要分布在东欧和北欧等地。欧洲温室类型黄瓜果实呈长圆筒形，一般长 50～60 厘米，单性结实能力强，果实少籽、无苦味，瓜皮绿色均匀、柔嫩、光滑，肉质致密，香气浓，成熟瓜黄色。植株茎叶繁茂，耐低温弱光，抗病性弱，不适宜露地栽培。此类品种有：Conbre vert long、Sherrg 等。

5. 欧美露地型 分布在欧洲及北美，适宜露地栽培。果实圆筒状，较短粗，一般长 20 厘米左右，瘤小刺稀，无棱沟，肉厚、味淡，成熟瓜黄红色或黄褐色。植株长势强壮，分枝多，抗病性中等。此类品种有：Cornichon、Cool and crisp、Parad 等。

二、黄瓜种子生产概况

目前,我国每年需用黄瓜种子 300 万千克左右,黄瓜制种面积达 6 000 公顷,产值达 5 亿元以上,是制种量较大的蔬菜作物之一。随着黄瓜产业的不断发展,黄瓜制种面积不断增大,产量不断提高,种子质量及加工水平不断提升。种子产量由过去的每 667 米²10～30 千克,提高至 35～70 千克。种子的纯度、发芽率、发芽势、净度等不断提高。目前我国黄瓜种子 90% 以上为杂交种子,10% 为常规种子。随着种子市场的不断发展和完善,对黄瓜种子的质量要求越来越高,相关的法律、法规越来越完善,市场监管也越来越规范,逐步形成了多个具有一定规模的黄瓜制种区。这些地区环境条件适宜黄瓜种子生产,拥有大量的黄瓜制种技术人员,可常年进行黄瓜种子生产,而且制种技术不断进步,种子质量不断提高。我国比较有名的黄瓜制种区有山东省宁阳县、新泰市,河北省定州市,山西省夏县,江苏省徐州市等地。

三、黄瓜种子生产的意义

国内外农业发展经验表明,在提高作物产量方面,良种的贡献率占 30%～60%。目前我国黄瓜种子成本仅占黄瓜生产投入的 5%～10%,而增产的贡献率却达 30% 以上,可见黄瓜良种是丰产丰收的保障。

所谓良种是指优良品种的优质种子,其中优良品种靠品种的选育实现,而优质种子则靠科学的种子生产实现。任何品种都有各自的基因型,即品种的种性,优良品种具有较好的基因型,表现为抗逆、抗病、丰产、优质等优点。良种繁育的任务就是在较短时间,以较低成本繁育出保持品种种性的优质种子,满足黄瓜生产的需求。如果种子生产中出现问题,可能会使种子纯度降低,甚至种性改变,使种子对增产的贡献率大大降低,甚至造成绝收。种子生产中出现的问题还表现在发芽率和发芽势降低等,在田间表现为缺苗、弱苗等问题,严重地影响黄瓜生产。通过良种繁育可以生产出具有优良种性的优质种子,防止假种、劣种的坑农、害农事件,促进黄瓜产业的健康发展。

四、黄瓜种子繁育体系

黄瓜种子繁育体系包括以下几个方面:一是建立健全良种繁育制度,实现种子生产专业化,严格实行原原种、原种、良种三级繁育制度。二是建立专业化的种子生产基地,注重制种基地的专业人才培养,实现制种基地长期化、专业化。三是认真执行种子生产过程的各项规程,防止机械混杂和生物学混杂,不断进行去杂和选择工作,保持原品种种性。四是不断改进制种技术,提高繁殖系数,提高种子产量与质量,降低制种成本。五是不断改进种子鉴定、加工、贮藏技术。改进和简化鉴定方法,加快鉴定速度,提高鉴定准确性。改进种子加工、贮藏技术,确保种子质量。

第二章　黄瓜的植物学特征和生物学特性

一、黄瓜的植物学特征

（一）根

黄瓜根系由主根、侧根、须根和不定根组成。黄瓜根系较浅，主要集中分布在地表 30 厘米土层内，横向分布宽达 2 米。根系的分布特点与其好气性、喜温性以及原产地湿润的气候条件有关。表层土壤空气含量高，有利于根系呼吸，根系发育良好，有利于对各种养分的吸收。同时表层土壤的温度较高，适宜黄瓜根系生长需要，所以黄瓜适宜浅栽。黏重土壤透气性差不适合黄瓜生长，因此在栽培上要选择透气良好的沙壤土。

黄瓜根系的另一个特点是木栓化程度高而且早，再生能力差，伤根后不宜恢复，所以栽培时应护根育苗，生产中常采用营养钵或穴盘育苗。

黄瓜茎基部近地表处易发生不定根，尤其幼苗期更容易发生。不定根有助于吸收肥水，栽培上可以通过培土、点水诱根来增加不定根；但嫁接苗产生不定根，易引发土传病害，降低嫁接效果，栽培上要防止接穗与土壤接触而产生不定根。

（二）茎

黄瓜的茎蔓生，横断面呈 4 棱或 5 棱，中空，上具刺毛，有主蔓和侧蔓之分。一般春季栽培的品种及早熟品种均以主蔓结瓜为主，分枝较少；秋季品种及中晚熟品种侧蔓较多，主侧蔓均可结瓜。多数品种为无限生长型，主蔓长 3 米以上。中部茎粗为 0.6～1.2 厘米，茎粗是衡量植株健壮与否的一个重要标志，也是决定产量高低的因素之一。一般节长 5～15 厘米，节长与季节、品种、管理等因素均有关，节间长短也是衡量幼苗健壮的一个指标。生产上应培育下胚轴粗短的健壮苗，为优质丰产打基础。

（三）叶

黄瓜的叶分为子叶和真叶。子叶对生，呈长椭圆形，长 4～6 厘米、宽 2～3 厘米。一般子叶平展，但如果种子弱小或土壤水分不足，会导致子叶皱卷变形。子叶面积虽小，但在黄瓜生育初期起着十分重要的作用。幼苗刚出土时子叶是植株唯一的同化器官，贮藏和制造的养分是幼苗早期的主要营养来源。同时，子叶还能反映出环境变化及植株健康状况，子叶发生病变往往是植株发生异常的前兆。

黄瓜真叶互生，呈掌状五角形，叶表面具有刺毛和气孔。叶正面刺毛密，气孔稀而小，叶背面刺毛稀，气孔密而大。植株通过气孔的张合进行气体交换，获得光合作用必需的二氧化碳，并进行蒸腾作用，调节体温。叶缘还有许多水孔，早晨空气湿度大时常见叶缘有水珠出现。

气孔和水孔既是植株生理需要的门户，也是病菌侵入的途径。由于黄瓜叶片背面气孔较多，在防治病害时，应注意叶背面的喷药。

（四）花

黄瓜基本上是雌雄同株异花，偶尔情况下出现两性花，两性花一般坐果不良或发育成畸形瓜。按黄瓜植株上花的性型可分为不同株型，生产上最常见的为雌雄同株和雌性株。雌性株在国外被普遍应用，国内主栽品种则为雌雄同株型。

黄瓜一般在上午 6～10 时，温度 15℃时开始开花，最适开花温度为 18℃～21℃。当天开放的花为金黄色，然后逐渐褪色变白。

多数品种在幼苗初期就开始花芽分化，第一片真叶展开时，生长点已经分化 12 节，第九节以下各叶腋均分化了花芽，但性别尚未确定。此期的环境条件可以影响性型分化，比如在较低温度和短日照条件下有利于雌花发育，植株的雌花发育大、节位低、雌花节率高。同时激素及一些化学药品对性型分化也有明显影响，可以喷施乙烯利促进雌花发生，喷施硝酸银或赤霉素促进雄花产生。雌花产生的早晚及雌花节率与黄瓜早熟性、丰产性直接相关，可以在苗期创造有利于产生雌花的环境条件，促进植株早生多生雌花，达到早熟丰产的效果。

（五）果　实

黄瓜的果实为假果，是子房下陷于花托之中，由子房和花托合并而成的。果实外观因品种不同而差异明显。一般为筒状或棒状，长 10～50 厘米，有些品种瓜把处变细明显，有的品种则与瓜身差别不大。嫩瓜皮色有深绿、亮绿、黄白、白、绿白相间等不同颜色；老熟瓜一般黄白色，有的为棕色，有些老熟瓜具有网纹，而多数老熟瓜的颜色均匀。果实有的刺瘤明显，果刺较多，有的则刺瘤稀少，或表面光滑，没有刺瘤。刺有白色、黑色、棕色之分。有的果实有明显的果棱，有的则不明显。瓜肉颜色有的较绿，有的较白。种子腔大小差别也较大，种子腔太大，影响风味品质，生产上应选用种子腔直径小于瓜横径 1/2 的品种。黄瓜果实有时会发生苦味，轻的仅在瓜把处有苦味，重的则整条瓜都有苦味。苦味的产生主要是品种原因，同时与栽培管理有关，如苗期干旱、氮肥偏多、低温，结果期温度偏高等均容易使果实发生苦味。

黄瓜有单性结实能力，即不经过授粉也能发育成正常果实。这种能力在不同品种间存在很大差异，保护地栽培由于缺少昆虫传粉，应选择单性结实能力强的品种，对单性结实能力弱的品种可以进行人工授粉以提高产量。

（六）种　子

黄瓜的种子为长椭圆形，有的细长较厚，有的宽大较扁，种皮多白色，有的黄白色，表面光滑。单瓜种子数为 100～300 粒，近果顶部分的种子发育早，成熟快，近果柄部分则发育较迟。长果型品种一般只有近果顶的 1/4 部分种子饱满，其他部分的种子则空瘪不具备发芽能力。

短果型品种大部分种子都可发育成熟。黄瓜种子千粒重为 20～40 克。

如果植株生长健壮,授粉后 30 天左右种瓜即可成熟,采收的瓜种需要一定时间后熟,否则种子发芽势很差。黄瓜种子有 1 个月左右的休眠期,新采收的种子可用 0.5％过氧化氢溶液浸泡 12 小时,打破休眠。在常规条件下种子的发芽年限为 4～5 年,生产上一般采用 1～3 年的种子,其发芽力不受影响。

二、黄瓜种子的生育

(一)黄瓜开花授粉习性

1. 花的性别表现 黄瓜是异花授粉植物,花一般为单性花,但也有完全花(两性花)。黄瓜植株性别表现一般是雌雄同株异花,但还有其他的性别表现,包括:雌性株(无雄花,全株只有雌花),雄性株(无雌花,全株仅有雄花),雌全株(仅有雌花和完全花),雄全株(仅有雄花和完全花),纯全株(全部为完全花),雌雄全同株(3 种花都有)等。

2. 开花授粉习性 黄瓜的花粉粒多较重且具有黏性,不易被风传播,为虫媒花,最主要的传粉昆虫是蜜蜂。黄瓜雄花一般上午 6 时左右开放,当天上午授粉能力最强,以后授粉能力逐渐减弱消失,所以自交授粉一般要在开花当日上午抓紧进行。雌花也是在早晨开放,其适宜受精时间较长,在开花前 2 天至开花后 2 天均可受精。

（二）种子的发育

1.受精作用　成熟的花粉粒在昆虫或人工的作用下落在雌蕊柱头上,众多的花粉粒萌发形成多条花粉管,花粉管穿过柱头的角质层,伸向花柱,其中最强壮、最活跃、生长速度最快的花粉管首先到达珠孔,进入胚囊。花粉中有 2 个核,其中较大的是花粉管核,较小的是生殖核。生殖核在花粉发芽后进入花粉管中,并分裂成 2 个精核。这两个精核进入胚囊,其中一个与胚囊中的卵细胞结合,形成 2n 合子;另一个精核与胚囊中的 2 个极核结合,形成 3n 的胚乳原核,完成双受精作用。

2.种子的发育

（1）胚的发育　胚是种子的主要部分、植株的雏形。精卵细胞结合后形成合子,合子进一步发育形成胚。

（2）胚乳的发育　胚乳是由胚乳原核发育而成的。黄瓜的胚乳随着胚的发育而逐渐崩溃、消失,被胚吸收,最后形成无胚乳种子。

（3）种皮的发育　种皮是由胚珠的珠被形成的,由外种皮和内种皮组成。内种皮为软组织,外种皮较为坚硬。种皮包在胚和胚乳的外面,起保护作用。外种皮上可见种孔和种脐,种孔是原来的珠孔,种脐是胚珠与胚柄相连处脱离后的痕迹。胚珠各部位与种子各部位的对应关系见表 2-1。

表 2-1　胚珠各部位与种子各部位的关系

胚　珠	发育形成	种　子
外珠被		外种皮
内珠被		内种皮
珠　心		消　失
卵　核		胚
助细胞		消　失
极　核		胚　乳
反足细胞		消　失
珠　孔		种　孔
合　点		内　脐
珠　柄		种柄,脱落后的痕迹为种脐
珠背(缝线)		种背(种脊)

（三）种子的成熟

1. 种子成熟的概念　种子成熟包括种子形态上的成熟和生理上的成熟两方面。形态上的成熟是指种子在形状、大小、颜色等方面达到成熟种子的指标;生理上的成熟是指种子已经具有发芽能力。就黄瓜种子来说,外形成熟的种子未必就生理成熟,黄瓜种子需要一个较短的休眠期,刚收获的种子没经过休眠,马上给予适宜条件,大多数种子不能发芽;生理成熟的种子一般都形态成熟,未到成熟期采收的种子往往空瘪、幼小、种皮软薄,没有发芽能力。黄瓜种子真正成熟应该具备以下条件:①种子有一定的坚韧性和机械强度,达到一定大小、形状和色泽。②种子内含水量减少,果皮和种皮硬度增加,对外界

11

的抵抗能力增强。③植株各部位向种子运输养分的过程已经停止,种子内干物质不再增加。④胚具有发芽能力,种子内部的生理成熟过程已经充分完成。

2. 种子成熟过程中化学成分的变化　种子成熟过程,实质上是结合子发育成胚及营养物质在种子内部累积和变化的过程。种子成熟期间,植物体内的养分呈溶解状态运输到种子内部,这些养分在种子内部很快转化为非溶解性的干物质,即高分子的淀粉、纤维素、半纤维素、蛋白质及脂肪类物质。在种子成熟前期,含水量与干物质的增加速度相似,随着种子的逐渐成熟,含水量急剧下降,而干物质的含量却继续增加。最后,含水量不再下降,而干物质含量也趋于稳定,此时种子成熟。

3. 种子成熟过程中物理性质的变化　种子在成熟过程中不断增大、增重。伴随着种子的成熟,种子含水量不断降低,从而导致种子坚韧性不断增强,导热率和热容量降低,使种子更加干燥和适宜贮藏。

4. 种子成熟的影响因素　黄瓜从开花授粉到种子成熟一般需要 40～50 天,其种性、植株生长状况、环境条件等因素均对种子成熟时间有影响,从而导致黄瓜种子的熟性长短有较大差异。

(1)种性　一般早熟品种成熟期较短;晚熟品种成熟期较长。

(2)植株生长状况　植株生长健壮、无病虫害,种子成熟期较短;植株生长弱、病虫害严重,种子成熟期较长。

(3)环境条件　环境条件能够满足黄瓜生长发育的

需要,如温湿度适宜,光照充足,营养充分,有利于黄瓜植株生长发育,为种子成熟提供良好的条件,可缩短种子的成熟期;相反如果环境条件恶劣,如低温、寡照、高湿、营养不足等,则不利于植株生长,导致种子成熟期延长。

(四)种子的休眠

1. 种子休眠的概念 黄瓜种子播种后会发生不发芽或发芽延迟现象,其原因包括种子本身不具有生命力、环境条件不适宜及种子休眠等。种子休眠是指具有生活力的种子,在适宜萌发的条件下,不发芽或发芽延迟的生理现象。

2. 种子休眠的意义 大多数植物种子都有一定的休眠期,这是长期自然选择的结果,是植物在系统发育过程中形成的抵抗不良环境条件的性状。如在终年温暖多湿的热带地区,植物种子一般休眠期很短,很容易发芽。在冬季寒冷地区的植物,一般都有休眠期,从而避开恶劣的环境条件,保证发芽后的幼苗能安全生长。黄瓜起源于喜马拉雅山脉南麓,终年温暖湿润,适宜黄瓜生长,所以黄瓜种子一般休眠期较短。黄瓜种子休眠期的长短和种性关系很大,一些品种休眠期很短,甚至在果实内就可发芽;大多数品种都有一定的休眠期,种子收获后要间隔一定时间播种才能发芽。黄瓜种子的这种短暂的休眠期可以防止种子在果实内发芽,并尽快繁育下一代。

3. 种子休眠的原因 黄瓜种子休眠的主要原因是果实浆汁中含有发芽抑制物质,如氨、氰化氢、乙烯、芳香油类、植物碱类及各种有机酸类物质等。这些物质可抑制种子萌发,防止种子在果实内发芽。但如果果实的完整性受到破坏,导致果实内氧气增加,或雨水进入果实,则可破坏或解除这些发芽抑制物质的抑制作用,导致种子在果实内发芽。但黄瓜种子休眠和种性关系也很大,某些品种即使果实保存完整,种子也会在果实内发芽,这可能和这类品种发芽抑制物质较少有关,具体机制还有待进一步探索。对大多数黄瓜品种来说,其果实浆汁中的抑制物质除了能保证种子不在果实内发芽外,还可以影响收获后的种子,使刚收获的种子不易萌发,这可能是抑制物质残留在种皮上或种皮内有抑制物质的原因,具体机制有待进一步研究。

(五)种子的萌发

种子萌发是指幼胚恢复生长,幼根、幼芽突破种皮,并向外伸展的现象。种子萌发需要一定的环境条件,在适宜的条件下种子经过吸胀、萌动、发芽 3 个不同的阶段完成萌发。在这个过程中种子内部进行着强烈的生理生化活动,随着胚部细胞分裂的不断进行,最终种子发芽出土。

1. 种子萌发的过程 种子萌发过程大体可分为 3 个阶段。

(1)吸胀 吸胀是种子萌发的准备阶段。干燥的黄瓜种子含水量很少,种子内部几乎所有的组织都呈皱缩状态,细胞核呈不规则状态,原生质呈凝胶状态,生理活动极微弱。种子萌发是从吸水开始的,种子吸水后,细胞体积增大,细胞壁呈紧张状态,种子外部的种皮变软,直到细胞内部水分达到饱和状态,种子才停止吸水。

种子吸胀并非仅是活细胞具有的一种生理现象,而是有机质因吸水使体积增大的物理作用。由于种子的化学成分大多为亲水胶体,种子无论是否具有生命力,这些胶体的性质都不会发生显著的变化,无生命力的种子仍具有吸胀能力。生产实践中,有些不具有生命力的陈旧黄瓜种子,经过浸种催芽后,也会出现种皮破裂,胚根突破种皮的"假发芽"现象。所以不能把吸胀作为种子开始萌发的标志。

种子在吸胀过程中会释放一定的热量,称为吸胀热。随着含水量的增加,热量释放逐渐减少,直至完全停止。

(2)萌动　种子吸胀后细胞含水量增加,在胶体微粒及细胞间隙间存在着大量的自由水,使种子呼吸作用增强,促进种子内部的生理活性物质发生作用,各种酶(主要是水解酶)开始活动,在酶的催化作用下将不溶性的高分子贮藏物质转化为可溶性的简单物质,种子内的生理代谢和细胞分裂开始加快,当胚的体积增大到一定限度时,胚根尖端会冲破种皮,这一现象称为种子的萌动。在适宜的环境条件下,黄瓜种子从吸胀到萌动一般需要24小时左右。

(3)发芽　种子萌动后,胚部细胞继续分裂,生长速度显著加快,当胚芽长度和种子等长时,或胚芽长度达种子一半长度时,称为发芽。此时胚的新陈代谢极其旺盛,呼吸强度达到最高限,产生大量的能量和代谢物。所以发芽过程要求氧气充足,种子缺氧呼吸会释放乙醇等有害物,而导致种胚窒息以至死亡。种子在发芽过程中会释放很多热量,一部分热量向周围土壤传导,另一部分热量成为幼苗顶土和幼根入土的动力。黄瓜播种时,上边覆土厚度要适宜,一般1~2厘米为宜。覆土过厚,种子发芽后氧气供给不足,幼胚生长无力,不易出土,造成幼苗在地下死亡;覆土过薄,阻力不够,则种皮不易脱落,导致种芽"戴帽"出土。覆盖用土黏重、种子较小且不饱满、温度较低,要适当少覆土;覆盖用土疏松透气、含水量较低、种子较大且饱满、温度较高,覆土要厚一些。

2. 种子萌发对环境条件的要求　温度、水分、氧气是黄瓜种子发芽必不可少的3个基本条件,光线、二氧化碳等因素对黄瓜种子发芽也有不同程度的影响作用。

(1)温度　黄瓜发芽的最低温度为15℃,最高温度为35℃,最适宜温度为20℃~30℃。在变温条件下,如白天30℃高温、夜间20℃低温,黄瓜的发芽率提高,发芽势增强。同时变温条件还能起到锻炼种子,提高黄瓜对温度的适应性,促进黄瓜早熟丰产的作用。

变温对种子发芽及黄瓜丰产的促进作用机制,可总结为以下几方面:①变温可提高种子内各种酶的活力,促进种子萌动。②低温能增加水中氧气的含量,从而提高种子内部的氧气含量,减少无氧呼吸。③反复的变温可使种皮受到损伤,有利于氧气和水分进入种子内部。④恒温条件下,呼吸作用较强,会消耗掉大量的贮藏物质;变温条件下,低温期可降低呼吸作用,减少呼吸消耗,能更好地利用种子内的营养物质。

不同品种的黄瓜种子萌发需要的变温幅度不同,一般随着种子年龄的增加而扩大。刚刚采收的种子或成熟度不够的种子,要求的发芽温度范围较窄,一般在30℃条件下才能发芽;采收1年后的种子,可采用的变温范围较大,在15℃～35℃条件下均可发芽。

(2)水分 黄瓜种子吸胀期吸水量仅为种子自重的50%,所以种子萌动所需的水分较少,属于对土壤含水量不敏感的A群类蔬菜作物,一般在土壤含水量为10%～18%时,发芽率较高。在适宜的条件下种子吸水过程可分为以下3个阶段。

①急剧吸水膨胀阶段 急剧吸水膨胀阶段也即吸胀作用。这一阶段吸水量一般占总吸水量的56%左右。所有种子包括无生活力的种子都有这个过程。

②缓慢吸水膨胀阶段 细胞内部水分基本饱和,吸水活动基本停滞。这一过程活种子和死种子都具有,但活种子内部进行着各种代谢活动,即处于萌动状态,最后胚根突破种皮。这一阶段吸水量一般占总吸水量的10%左右。

③又急剧吸水膨胀阶段 此期胚根迅速吸水,标志发芽完毕。这一阶段仅有活力的种子在有氧条件下发生,其吸水量占总吸水量的34%左右。所以,仅仅满足种子吸胀阶段的吸水量达不到种子萌发的需求,要注意后期水分的补给,否则种子的萌发也会受阻。

(3)气体 种子吸胀后进入发芽期,呼吸作用非常旺盛,需氧量大幅度增加。如果氧气供给不足或没有氧气供给,则导致二氧化碳积累,并发生无氧呼吸,产生大量的乙醇等物质,二氧化碳和乙醇均可使种胚窒息死亡,这也是播种时覆土不宜过厚的原因。在其他条件适宜的情况下,氧气含量增加,会促进种子发芽,而二氧化碳含量增加则会抑制种子发芽。通常大气中二氧化碳的含量为0.03%,但在通气不良条件下,种子呼吸作用会消耗掉土壤中的氧气,同时产生大量的二氧化碳,导致二氧化碳浓度升高。当二氧化碳浓度升高至12%时,种子还能正常发芽;升高至17%～25%时,种子发芽受到抑制;升高至37%时,种子完全不能发芽。但在较高的氧气浓度和较高的温度条件下,可减轻二氧化碳对发芽的抑制作用。一般情况下,蔬菜种子发芽需要10%以上的氧气浓度,至少不能少于5%,黄瓜种子发芽的需氧量较低,氧气浓度为5%时也可发芽。

（4）光线　黄瓜属于嫌光性种子,在黑暗条件下发芽。但黄瓜种子的嫌光性并不是绝对的,温度越低嫌光性越强,温度升高嫌光性变弱,温度在20℃以上时,对光线无反应。

三、黄瓜的生育期

黄瓜的生长发育期大致可分为发芽期、幼苗期、抽蔓期和结果期。

（一）发　芽　期

从种子萌动到第一片真叶出现为发芽期,一般需5～

10 天。此期主根下扎，下胚轴伸长，子叶展平。发芽期主要靠种子自身贮藏的养分供给生长，所以生产上要选用充分成熟、饱满的种子，以保证此期的营养需求。不饱满或高龄种子易发生出苗晚或不出苗现象，而且长出的幼苗子叶皱小、不平展，下胚轴极短、生长缓慢。子叶出土前要保证较高的温度和湿度，根据不同季节可以采用加温、覆膜或遮阴、覆盖稻草等不同育苗方法，促进出苗早、出苗全。子叶出土后要适当降低温度和湿度，防止徒长。如果采用育苗盘或育苗床育苗，应在此期进行分苗。

（二）幼 苗 期

幼苗从真叶出现到具 4～5 片真叶、定植前为幼苗期，历时 20～40 天。此期既有营养器官根、茎、叶的分化和生长，也有生殖器官花和果实的分化发育。幼苗期基部有 4～5 片真叶形成，茎轴呈 Z 形生长，主根伸长和侧根发生，花芽分化和性型分化均已开始。此期生长量虽然不大，但却是获得黄瓜优质高产的关键，所以培育壮苗非常重要。壮苗的标准是：根系洁白，根毛发达，4～5 片真叶的幼苗其侧根应在 40 条左右；下胚轴长度不超过 6 厘米、直径 0.5 厘米以上；子叶完整、全绿、肥而厚，面积为 10～15 厘米^2；真叶水平展开，肥厚，色绿而稍浓，株冠大而不尖。

（三）抽 蔓 期

定植后到根瓜坐住为抽蔓期，一般为 10～25 天。株高 0.4～1.2 米，已有 7～15 片真叶。此期根系进一步发展,节间开始加长,叶片变大,有卷须出现。有的品种开始发生侧枝,雄花、雌花先后出现并陆续开花。抽蔓期是以营养生长为主,并由营养生长向生殖生长过渡阶段,栽培上既要促进根系和叶片的生长,又要使瓜坐稳,防止植株徒长和化瓜。

(四)结 果 期

从根瓜坐住到拉秧为结果期。结果期时间长短因栽培茬口、环境条件和品种而异。秋季露地栽培黄瓜结果期仅有 40～50 天,越冬茬日光温室栽培黄瓜结果期长达120～150 天。早熟品种一般结果期较短,晚熟品种结果期则较长。此期一方面进行旺盛的营养生长,节位不断增加,叶片不断发生和生长;另一方面进行生殖生长,不断地开花结果。栽培上要调节营养生长和生殖生长的关系,使二者相辅相成,获得高产。结果期生长旺盛,要满足植株生长所需的各种条件,包括养分、温度、湿度等。同时,结果期也是病虫害多发的时期,栽培上要注意病虫害的防治。

四、黄瓜生长发育对环境条件的要求

(一)温 度

黄瓜是典型的喜温作物,生长发育的适宜温度为10℃～32℃。不同时期植株的生育适温不同,如发芽期需要较高温度保证出苗齐且快,幼苗期需要较低温度以防徒长,定植后缓苗期需要较高温度促进缓苗等。不同环境条件下植株需要的温度也不同,光照强度增高、空气湿度增大和二氧化碳浓度升高都会使黄瓜的生育适温提高。生产上要根据不同生育期和环境条件采用相应的温度管理指标。

1. 最高温度 黄瓜喜温而不耐高温,一般情况下黄瓜能忍耐的最高温度为 45℃,光照强度、湿度、二氧化碳浓度及土壤中施肥量的增加均能提高黄瓜的耐热力。黄瓜在 32℃ 以上条件下,呼吸量增加,光合产量开始下降;35℃ 左右条件下,呼吸消耗和光合产量处于平衡状态;35℃ 以上条件下,呼吸消耗高于光合产量;40℃ 以上条件下光合作用急剧衰退,代谢功能受阻,生长停止;40℃～45℃ 条件下 3 小时,导致叶色变浅,雄花落蕾或不能开花或花粉发芽率低,雌花黄化,极易形成畸形瓜;45℃～50℃ 条件下 1 小时,呼吸作用完全停止,出现日灼,直至植株死亡。

2. 最低温度 黄瓜不耐低温,正常生长发育的最低温度是 10℃,所以一般把 10℃ 定为"黄瓜的经济最低温度"。在 10℃ 以下,各种生理活动都会受到影响,甚至停止。幼苗经过低温锻炼可提高耐低温能力,植株可耐受 2℃～3℃ 的低温,甚至短期 0℃ 低温也不会冻死。幼苗未经过低温锻炼的,植株在 5℃～10℃ 条件下就会遭受寒害,2℃～3℃ 条件下就会冻死。

3. 昼温和夜温 黄瓜生育期需要一定的昼夜温差。白天光合作用,需要较高温度;上半夜运输光合产物,需要保证一定温度;下半夜为减少呼吸消耗、防止徒长,需要较低温度。适宜的昼夜温差能使黄瓜最大限度地积累营养物质。一般以白天25℃~30℃、夜间13℃~15℃,昼夜温差为10℃~15℃较为适宜。保护地栽培,二氧化碳、肥水、光照充足条件下,可适当提高昼温;阴天光照不足情况下,应降低昼温。

4. 有效积温 黄瓜完成某一生育阶段需要一定的有效积温,生育期不同,需要的有效积温不同(表2-2)。

表2-2 黄瓜不同生育期的有效积温 (℃)

生育时期		天 数	适宜温度	有效积温	备 注
发芽期		10~13	12~30	210~270	—
幼苗期		20~30	15~25	370~380	—
抽蔓期		15~20	14~24	280~380	—
结果期	前期	10~12	15~24	190~230	坐瓜至收根瓜
	结主蔓瓜期	30~40	15~30	670~900	收腰瓜、顶瓜
	结回头瓜期	30~90	16~30	690~2 070	包括分枝瓜
	末期	10~15	18~25	200~240	—
共 计		125~210	12~30	2 610~5 600	—

资料来源:《黄瓜品种和栽培技术》王贵臣,1991。

5. 地温 黄瓜对地温反应敏感,根部生长适温20℃~25℃,最低温15℃,最高温35℃。地温过低,根毛不能发生,根系停止生长;地温过高,根的呼吸消耗加快,直至停止生长。根毛发生的最低温度为12℃~14℃,地温低于12℃根毛不能发生,影响吸水吸肥,地上部分不生长,叶色变黄;根毛发生的最高温度为38℃。地温和气温都偏低情况下,以提高地温为好。气温高于适宜温度时,地温低一些为好。但在气温高和地温过低情况下,根系不生长,甚至出现"沤根"和"花打顶"现象。

(二)光 照

黄瓜为喜光蔬菜。光照充足,同化作用旺盛,产量和品质都高;长期光照不足,同化作用下降,产量和品质都低。黄瓜的光饱和点为 5.5 万勒,光补偿点为 1500 勒,最适光照强度为 4 万～5 万勒,2 万勒以下时不利于高产。同时,黄瓜起源于森林地带,对散射光有一定的适应性,在保护地的弱光照条件下黄瓜可以通过增加叶面积的方式来适应。黄瓜的同化产量在一天中有明显的差异,早晨至中午较高,占全天同化总量的 60%～70%;下午较低,占 30%～40%。因此日光温室黄瓜栽培,要在保证温度前提下尽量早揭草苫,增加温室上午的光照时间。

(三)水 分

黄瓜喜湿、不耐旱、不耐涝。黄瓜植株高大,叶片大而多,根系浅,因此对水分要求严格,要求土壤相对湿度为 85%～95%,空气相对湿度为 80%～90%。由于黄瓜对水分的这种严格要求,生产上要经常浇水才能保证黄瓜获得高产。发芽期要求水分充足,保证出苗整齐;幼苗期要适当控制水分,防止徒长;抽蔓期要适当控制水分,促进根系生长,抑制地上部生长,调节地上部分和地下部分生长的平衡。冬、春季低温时期,浇水次数和浇水量要少;采收盛期,温度条件适宜,浇水次数和浇水量要多;秋季高温时期,浇水次数要多,浇水量要适当减少。总的来说,一次浇水量不宜过多,否则影响土壤通气性,不利于植株生长。特别是低温时期,浇水后地温进一步降低、湿度增大,极易发生寒根、沤根。生产上采用膜下暗灌可以起到降低土壤水分蒸发,减少灌水次数,防止土壤板结,提高地温,降低空气湿度等作用,有利于黄瓜正常结果,并减少病害发生。

(四)土 壤

黄瓜根系浅,喜湿不耐涝,喜肥不耐肥,对土壤条件要求较高,最好选择富含有机质、疏松透气的壤土进行栽培。黏土通透性差、增温慢,易使黄瓜生育期延迟,但生育期延长,总产量较高。沙土易漏肥漏水,但增温快,所以黄瓜发育早,前期产量高,但生长后期易脱肥,植株容易早衰。

黄瓜适宜在中性偏酸的土壤中栽培,在土壤 pH 值 5.5～7.2 范围内均可正常生产发育。最适土壤 pH 值为 6.5,土壤过碱易烧根,产生盐害;土壤过酸,易发生生理障碍和枯萎病等。生产中可以用生石灰来调节土壤 pH 值。

黄瓜连作,病虫害严重,最好与非瓜类作物轮作 3 年以上。

(五)矿质营养

黄瓜生长发育除了需要氮、磷、钾三大要素外,还需要钙、镁、硫、铁、锌、硼等多种元素,并且各种元素间保持适当的比例,才能正常生长发育。每种元素的缺少、过多或比例失调都可导致生理性病害的发生。

对氮、磷、钾三要素的吸收量以钾最多，每生产 500 千克黄瓜，大约需要氮 14 千克、五氧化二磷 4.5 千克、氧化钾 19.5 千克。不同生育期对矿质营养的要求也有所不同，幼苗期磷的效果特别明显，应注意磷肥的使用，生产中磷肥可作种肥，或叶面喷施磷酸二氢钾。抽蔓期吸肥量比较少，进入采收期后吸肥量开始不断增加，到采收盛期以后吸肥增加明显。所以，应在采收期加强肥水供给，逐渐增加施肥量和施肥次数。

不同矿质营养对黄瓜生育的作用不同。氮是组成蛋白质和叶绿素的主要物质，氮素有利于雌花形成，对根、茎、叶、果实的生长作用也很大。黄瓜喜硝态氮，铵态氮多时，根系活动减弱，从而影响吸水，同化作用降低。磷是构成细胞核蛋白的主要成分，和细胞分裂、增殖、花芽分化、花器形成和果实膨大等有直接关系。磷肥在生育初期吸收量较高。磷肥的利用率低，只有施肥量的 10% 左右，所以应施用吸收量的 10～20 倍才能保证植株需要。钾能促进碳水化合物、蛋白质等物质的合成、转化和运输，在生长旺盛的部位都有大量钾存在，钾能增强植株的抗病性和抗逆性，还有促进籽粒饱满和早熟的作用。钾肥吸收和磷肥相反，在生育后期是钾的吸收盛期。

（六）气　体

和黄瓜生育密切相关的气体是二氧化碳和氧气。二氧化碳是植物进行光合作用的必需原料之一，而土壤中的氧含量则与根系的生长发育、吸收功能密切相关。

黄瓜需要的大量碳元素主要来自二氧化碳，黄瓜通过光合作用把二氧化碳中的碳元素转为体内的碳水化合物，进而形成蛋白质和脂类等物质。一般情况下黄瓜的光合强度随着二氧化碳浓度的增加而升高，二氧化碳补偿点为 0.005%，饱和点为 0.1%。一般空气中二氧化碳的浓度为 0.03%，远低于饱和点浓度。在设施栽培中，早晨由于有机物的分解及夜间呼吸作用释放二氧化碳，设施内二氧化碳浓度可达 0.1% 左右，但经过一定时间光合作用后，造成设施内二氧化碳浓度降低，由于设施的相对封闭性，设施内的二氧化碳浓度低于设施外空气中二氧化碳浓度时，应及时通风换气或人工释放二氧化碳来进行补充。

土壤空气中氧的含量为 $15\%\sim20\%$ 时，根系生长发育良好，低于 2% 时生长不良。大气中氧含量平均为 20.79%，如果土壤通气性好，可以满足根系发育的氧气需求。土质、有机肥施用量、土壤含水量、表层土壤是否板结等都对土壤中氧气含量产生影响。生产上可通过增施有机肥、适时中耕等方法来增加土壤通气性，从而提高土壤空气中的含氧量。

第三章　黄瓜品种混杂退化及防止措施

一、混杂退化的危害

品种混杂退化是指由于品种的遗传纯度降低，而导致的植株生长不整齐、经济性状下降、生活力衰退等种性的变化。黄瓜品种轻微的混杂退化，会导致植株生长不太整齐，产品的一些经济性状有所下降。例如，品种中出现个别杂株，一些果实瓜皮颜色变浅等，这些都降低了品种的价值。黄瓜品种的严重混杂退化，会导致植株生长极不整齐，商品性状下降，生活力衰退，抗逆性下降，丧失了品种原来具有的一些优异性状，缩短品种的寿命。

二、混杂退化的原因

（一）混杂的原因

混杂主要指品种纯度的降低，即在一批种子所长成的群体中，具有本品种典型性状的个体所占比例降低。混杂包括机械混杂和生物学混杂。

1. 机械混杂　指在种子生产、加工、贮藏等环节上，在种子内混入了非本品种种子而造成的品种混杂。混入的种子可能是其他黄瓜品种的种子，也可能是其他作物的

27

种子。机械混杂一般会使这批种子形成的群体中,出现与品种典型性状差异很大的植株。

2. 生物学混杂 指繁殖品种与其他品种发生天然杂交而引起的品种混杂。生物学混杂是由外源花粉进入引起的,这些外源花粉会导致非目的杂交,使后代中产生一些与本品种基因型不同的个体,从而导致品种混杂。黄瓜属于异花授粉作物,发生异交率很高,生产中为防止生物学混杂要实行严格的隔离。

(二)退化的原因

退化是指由于品种亲本在多代的繁殖过程中,发生发育学变异、自然突变、自然或人为选择变异等造成的遗传变化,导致品种的基因型发生变化,从而导致品种性状发生变化的现象。一般退化发生的比较缓慢,是品种性状逐渐变化的过程。但退化到一定程度,会使品种的一些性状发生严重衰退,最终使品种失去价值。

1. 发育学上的变异 种子生产的不同世代在不同的环境条件下进行,由于对不同生长条件的反应,导致不同世代间产生发育学上的差异,使品种失去原品种的典型性状,造成品种退化。不同的环境条件包括:不同的土壤和肥力条件,不同的气候、光周期、海拔高度等。减少此类变异的最好方法是将种子亲本扩繁基地及杂种制种基地设在该品种最适应的地区。

2. 自然突变 作物在繁殖过程中总会发生一定的自然突变。自然突变中出现对表现型有较大影响突变的频率较低,但一些微小突变的频率却较高。这些微小突变积累到一定程度,也会使品种表现型发生变化,导致品种退化。

3. 品种本身的遗传性变化 亲本的基因型不是绝对纯合的,往往个体间有一些微小的遗传差异,如果不对亲本进行适当选择,任其群体内自然繁殖,往往会导致亲本各基因型所占的遗传比例发生变化,进而使品种表现型发生变化,造成品种退化。

4. 不良的育种技术 亲本及品种本身性状的保持需要育种者或生产者对亲本材料进行选择,不断选择具有品种典型性状的植株,淘汰不具备典型性状的植株,只有保持这种经常性的选择压力,才能维持品种的稳定。相反,如果选择不恰当或选择压力不够,就可能使亲本或品种的基因型发生改变,慢慢地导致品种典型性状的丢失,使品种发生退化。

5. 不良的采、留种技术 一个品种群体内各植株主要经济性状的基因型应该相同,而其他性状的基因型应保持适当的多型性。品种的亲本如果连续自交,或留种植株过少,会使一些基因型丢失,甚至会使个别主要经济性状的优良基因型丢失,导致品种的生活力衰退。在黄瓜亲本繁殖过程中,亲本的群体要保持一定的数量,去掉亲本群体内不具备典型性状的植株,其他植株要尽量混合授粉采种,而不宜单株自交,这样可以防止群体内各基因型所占频率发生变化,防止基因随机漂移,保持品种的特有性状。

三、混杂退化的防止措施

(一)实行种子分级繁殖制度

蔬菜种子按照种子繁殖世代及纯度一般可分为原原种、原种及良种 3 级。种子分级繁殖制度是指原原种由育种单位保持与提供;原种由各级原种场或授权的原种繁育基地保持与提供;良种也即生产用种,是由专业化的种子生产部门或农户负责生产的。育种单位掌握育成品种的特征特性,具有相当的育种、采种、留种技术,由其提供的原原种纯度较有保障。原种场具有较好的隔离条件,有一定的采、留种技术,由原种场利用育种单位提供的原原种繁育原种,原种纯度也较有保障。有了好的原种,在专业的种子生产部门指导和监督下才能生产出优良的生产用种。

(二)保证原种纯度

原种(或亲本)是用于繁殖生产用种的材料,只有原种有较高的纯度,生产用种才会有较高的纯度,因此,保证原种的纯度是生产较高纯度生产用种的保障。原种繁殖应由原种场以上的部门负责,原种繁殖负责人要掌握品种或亲本材料的特征特性、种子生产的基本原理、试材的选择技术。原种繁殖场所要有严格的隔离条件,原种繁殖过程要防止其他品种种子、幼苗混入原种繁殖田。授粉前对原种田进行株选,淘汰不具有本品种典型性状的植株,授粉期严格隔离,防止外源花粉授粉等。严格做到以上诸条,才可能保证原种的纯度。

(三)选择和淘汰

亲本或品种的基因型纯合是相对的,只能是主要性状的基因型一致,尚有一些性状的基因型不同。即使是主要性状,群体内也不是所有植株的基因型都一致,有个别植株会具有其他的基因型与表现型。如果不对试材选择,任其群体内自交繁殖,经过几个世代后群体各基因型所占的频率就会发生变化,发生基因型漂移,导致原品种典型性状的丧失。除了群体内基因型的差异需要对群体进行选择外,在种子生产过程,还会由于各种原因,发生不同程度的机械混杂和生物学混杂。所以在原种繁殖和生产种生产过程中,要不断地对试材进行选择和淘汰,保持一定的选择压力,才能使亲本或品种保持应有的纯度和本品种的特征特性。

选择要以本品种具有的典型性状为标准,每一代都要进行。在一个世代内,要在原品种各典型性状容易鉴别的时期分几次进行。一般对原种要按同一标准进行单株或单果选择;对生产种主要是进行去杂去劣。

(四)制种时要严格隔离

黄瓜为异花授粉植物,传粉昆虫以传粉能力强、活动范围广的蜜蜂为主,如果不隔离,很容易发生非目的杂交。原种及生产种的生产过程均要在严格的隔离条件下进行。具体的隔离方法有:束花隔离、防虫网隔离、距离

隔离等。其中原原种、原种的繁殖一般应采用束花隔离
或防虫网隔离。如果采用距离隔离，应加大隔离距离，制
种区最好选在四周有高山、树林、建筑物等屏障的地区。
生产种的制种田一般采用防虫网隔离或距离隔离，采用
距离隔离一般要和其他黄瓜栽培区保持 1 000 米以上的
距离。各种隔离方法及效果见表 3-1。

表 3-1　黄瓜制种隔离方法及效果

隔离方法		适用对象	隔离效果	人工投入
机械隔离	束花	原种	好	最多
	防虫网	原种、生产种	好	较多
距离隔离		生产种	一般	少

（五）严格执行种子生产操作规程

在种子生产、收获、运输、加工、包装等各环节要严格
执行各项技术的操作规程。

1. 种子生产环节　合理安排播种苗床，防止不同品种
的种子或苗子混入；采用轮作，防止前后茬作物间的天然
杂交。

2. 种子收获环节　不同品种的种瓜分别收获、取种、
晾晒，并保持一定的距离，防止风吹或人、畜践踏引起种
子混杂；对用于收获、清洗、晾晒、运输的各种用具要彻底
清洁，清除以往残留的种子，防止机械混杂；不同品种的
种子要分别放好标签，标明品种名称、批次、采种日期等，
防止品种间混淆。

3. 种子运输、加工、包装等环节　对盛装种子的容器、

运输工具、加工设备等要彻底清洁,防止不同品种的混杂。同时要对不同批次的种子做好标记,记载品种名称、批次、生产日期及其他备注事项,防止品种间混淆。

(六)品种的提纯复壮

对已经发生混杂和退化的品种可以通过提纯和复壮的方法来进行改良,使其在一定程度上恢复纯度与生活力,重新具有原品种的特征特性。

1. 提纯与复壮的概念 提纯是指对已经发生混杂的品种,采用一定的选择方法,按照原品种的特征特性进行选择、去劣,提高品种纯度的做法。在品种的混杂程度较高,品种中很多植株性状已经与原品种差异较大的情况下,通过选择的方法使品种恢复到一定的纯度,多用于解决品种混杂问题。复壮是指通过异地繁殖,品种内交配,人工辅助混合授粉及选择等方法,使生活力衰退的品种得以恢复的做法。多用于解决品种经济性状、抗逆性、抗病性在"量"上的下降等品种的退化问题。

2. 原种提纯复壮方法 一般黄瓜原种可采用株系选优法进行提纯复壮。

(1)株选 原种生产必须进行株选,要严格选择具有品种或亲本典型性状的优良单株。选择在原种田或常规品种的生产田中进行。选择时参考以下主要性状。①植株。包括植株长势、节间长短、叶片大小、叶片开张角度、分枝习性、第一雌花着生节位、雌花节率等。②果实性状。既包括商品瓜的性状也包括老熟种瓜的性状。具体包括瓜长短、粗细、形状、瓜皮颜色、瓜刺多少、刺瘤大小、有无瓜棱、瓜把长短等。③抗性特征。包括耐低温性、耐弱光性、耐旱性、抗病性等。

　　株选一般分 5 次进行。第一次在苗期进行,淘汰明显生长过快或过慢、植株形态与众不同的幼苗。第二次在雌花刚刚开放时进行,选择第一雌花节位、雌花节率、株型等各性状符合本品种典型性状的植株,挂牌标记。第三次选择在果实商品成熟时期进行,选择瓜商品性具有本品种典型性状的植株进行标记。第四次选择在种瓜成熟期进行,主要参考种瓜性状和植株抗病性,选择其性状具有本品种典型性状的植株,挂牌标记。第五次选择在拉秧期进行,对已采收种瓜的植株进行最后 1 次鉴定选择,鉴定植株的单株生产力、抗病性、抗逆性等,决选植株。对各入选植株收获的种瓜,按植株分别编号留种。

　　(2)株行比较　每个入选植株采后的种子至少栽培 30 株于株行圃,固定专人管理和调查。调查项目包括:植株长势、节间长短、叶片形状、叶片大小、叶片色泽、叶片开张角度、分枝习性、第一雌花着生节位、雌花节率、果实长短、粗细、形状、果皮颜色、果刺多少、刺瘤大小、有无果棱、瓜把长短、抗病性、抗逆性等。比较株行间差异,选择具有本品种特征特性的株行,分别留种。

　　(3)株系比较　入选的各株行采收的种子分别种植一个小区,用原有的原种种子对照,调查记载各株系的主要性状。选择与原有的原种性状相近,产量较高的株系,对入选株系种子混合保存,作为原种使用。

　　(4)原种繁殖和比较试验　将优秀株系的混合种子

（新选出的原种）种植于原种圃进行扩繁。这一阶段仍要继续进行去杂去劣，最后混合收种。同时，还要和原来的原种进行比较试验，鉴定新选出的原种增产效果和其他经济性状。

第四章　黄瓜制种基地建设

一、生产基地选址

合理选择黄瓜种子生产基地，可以提高黄瓜种子的产量和质量，降低制种成本，是更好地完成制种任务的前提保障。黄瓜种子生产基地应该具有适宜黄瓜生产的土地、灌溉水、气候等环境条件，同时还要有充足的人力资源，有利于完成黄瓜栽培、授粉、采种等工作。

（一）环境条件

选择气候适宜、有灌溉水源、土地平整、土壤肥沃的地区作为黄瓜制种基地。要求制种区内土地面积较大，除了栽培黄瓜的地块外，尚有其他可用于将来轮作倒茬的土地，避免和减少连作障碍。如果是露地制种（包括露地网室制种）；要求当地光照充足，地块可灌可排，夏季温度不过高、降水较少、无大风；如果是保护地制种，要求当地光照充足、阴雪天较少、温度不过低。对于常规品种的生产，如果采用空间隔离方法，还要考虑制种基地的隔离条件，最好四周有高山、树林或高大建筑等屏障，以有效地防止外源花粉的传入，提高种子纯度。对环境条件的具体要求如下。

1. 光照条件　黄瓜在晴天较多、光照较强的环境条件下生长发育较快,开花一致,因此宜选择晴朗、光照充足的地区制种,以利于种子产量和质量的提高。

2. 温度条件 黄瓜喜温但不耐高温,生长发育的适宜温度为 10℃~32℃,因此宜选择温暖而不十分炎热的地区作为制种基地。

3. 水分条件

(1)降雨与灌溉 黄瓜栽培对肥水条件要求较高,要求土壤相对湿度为 85%~95%,制种基地的降水应满足生长期的水分要求,如果降水不能满足,必须有灌溉水源可以利用。

(2)空气湿度 黄瓜在开花授粉期,要求较高的空气湿度,否则花粉萌发率、结实率下降,此期适宜的空气相对湿度为 80%~90%。在种子成熟期和收获期则要求晴朗、干燥的气候条件。选择制种基地时,最好能选择开花授粉期空气湿度较大,而采种期多为晴朗天气的地区。

4. 土地条件 制种基地对土地的要求既要考虑土地的本身情况,如肥沃程度、土壤质地、土壤结构、灌溉排水条件、通风条件等;也要考虑整个制种区的土地布局,如土地规模、分布、隔离、交通条件等。

(1)土地本身情况 黄瓜根系浅,喜肥不耐肥,对土壤条件要求较高,最好选择富含有机质、疏松透气的壤土。黄瓜适宜中性偏酸的土壤,在土壤 pH 值为 5.5~7.2 范围内均可正常生产发育,但最适宜的土壤 pH 值为6.5。土壤过碱容易烧根,产生盐害;土壤过酸,易发生生理性障碍和枯萎病等。黄瓜连作,病虫害严重,最好能与非瓜类作物轮作 3 年以上。

(2)土地布局 要求制种区内土地面积较大,除了栽培黄瓜的地块外,尚有其他土地,可用于轮作倒茬,避免和减少连作障碍。要求土地平整,有利于栽培管理。如果采用空间隔离制种法,最好选择隔离条件好的地区作为制种田,以四周有高山、树林、高大的建筑物为佳。制种区的土地应较为集中,便于管理。制种基地要交通便利,便于运输与管理。

(二)人力条件

黄瓜种子生产,不仅要做好黄瓜栽培管理,同时还要做好授粉、采种等管理,需要较高的技术水平和较多的人工投入,制种基地要拥有掌握黄瓜种子生产技术的人员,而且有较充足的人力资源。每 667 米^2 制种田在各时期用工情况见表 4-1。

表 4-1 黄瓜制种不同时期用工情况

时 期	总用工量(人·日)	平均每天用工量 (人·日/天)	工作内容
定植前	10	0.3	苗期管理、扣棚
定 植	2	2	栽 苗
定植后至授粉前	4	0.2	栽培管理
授粉期	12	1.5	授 粉
授粉后至收种前	5	0.15	栽培管理
收种期	5	1	收获种瓜、洗晒种子

二、基地规划布局

种子生产基地过于分散,必然增加管理成本,也不能形成规模优势。适当集中的制种基地能使设备得到充分利用,同时也便于技术指导、方便监督,促进种子质量提高。但种子生产基地过于集中,也会加大风险。这些风险包括:自然灾害导致种子产量降低,甚至绝收;新品种在老基地生产,亲本很快丢失;种子价格的稳定性较难保证等。为了减少以上风险,在制种基地规划布局上既要适当集中,也要留有余地,有后备,一旦发生问题,其他制种区还可以补救。

第五章　黄瓜制种技术

一、常规品种制种技术

常规品种的亲本只有 1 个,没有父、母本的区别,不需要进行杂交,仅自交授粉即可。常规品种制种技术较杂交制种简单,种子价格相对较低。目前黄瓜种子市场上常规品种较少,尚在应用的主要品种有津研系列黄瓜、山东密刺、长春密刺、新泰密刺、唐山秋瓜(华南类型)、辽阳秋瓜(华南类型)及其他一些仅局限在当地销售的地方品种。

常规品种的制种方法按照隔离方法不同,可分为防虫网隔离制种法、空间隔离制种法及人工束花隔离制种法等。

(一)防虫网隔离制种法

1. 隔离设施　采用防虫网隔离制种,栽培场所可以是露地也可以是保护地。露地制种,要在每块制种田用木杆、竹竿、铁棍等搭建棚架,上面覆盖防虫网,每块制种田都要留有通道,通道也要用防虫网覆盖好。保护地制种,仅在通风口、通道处覆盖防虫网即可。

2. 茬口的选择原则

(1)根据品种的适应性选择茬口　黄瓜品种适应性

不同,有的适宜保护地栽培,有的适宜露地栽培,有的适宜春季栽培,有的适宜秋季栽培。一般适宜保护地栽培的品种耐低温弱光能力较强,但抗病性较差;适宜露地栽培的品种不耐低温,在保护地栽培容易发生生理性病害(如褐脉病、花打顶等),果实不易膨大,但抗病性较好。选择制种茬口时,首先要考虑品种的适应性,最好能与品种的栽培茬口相一致,以获得较好的制种效果。

(2)根据经济性选择茬口　除了要考虑制种的产量和质量外,还要考虑制种的成本和利润。一般保护地制种效果好,但成本较高;露地制种成本较低,但产量和质量较低。

(3)根据制种任务选择茬口　如果制种单位对种子需要的较迫切,则要尽可能地提早安排制种生产。

3. 制种场所与茬口

(1)露地网室制种　根据栽培季节不同可分为以下两种。

①春季露地网室制种　露地网室制种一般多在春季进行。这一茬口前期低温、后期高温,与黄瓜正常生长发育对温度条件的要求相符。苗期低温短日照,有利于雌花的形成和培育壮苗。授粉期温度较高,有利于受精结实。后期高温强光照有利于种瓜的成熟和种子的晾晒。所以春季网室制种一般能获得较高的产量,如果品种雌花节率较高且抗性较好,每 667 米^2 可收获种子 70 千克左右。

②夏、秋季网室制种　这一茬口前期高温多雨,病害

多发,后期温度很快降低,与黄瓜正常发育对环境条件的要求正好相反。苗期处在高温多雨季节,很容易徒长和发生病虫害;授粉期雨水也较多,很容易影响授粉,同时病虫害流行,较难控制;后期温度下降很快,容易受到寒流侵袭,不利于种瓜成熟。所以,夏、秋季网室制种产量较低,一般每 667 米² 收获种子 20～30 千克。

(2)保护地制种　由于温室的成本较高,且授粉期温度较低,不利于受精结实,所以黄瓜制种生产一般在塑料大棚进行。

①春季塑料大棚制种　春季塑料大棚制种和春季露地网室制种相似,前期低温、后期高温,与黄瓜正常生长发育对温度条件的要求相符。苗期低温短日照,有利于雌花的形成和培育壮苗。授粉期温度较高,有利于受精结实。后期高温强光照有利于种瓜的成熟和种子的晾晒。同时大棚覆盖塑料薄膜,授粉不受雨水影响,棚室内温湿度可以在一定范围内调控,病虫害较少。所以,春季塑料大棚制种是效果最好的制种方式,如果品种雌花节率较高且抗性较好,每 667 米² 可收获种子 70～90 千克。

②秋季塑料大棚制种　秋季塑料大棚制种与夏秋露地网室制种相似,前期高温多雨,病害多发,后期温度很快降低,与黄瓜正常生长发育对环境条件的要求正好相反。苗期正处在高温多雨季节,很容易徒长和发生病虫害,病虫害发生得早,且较难控制;后期温度下降很快,容易受到寒流侵袭,不利于种瓜成熟。所以,秋季塑料大棚制种产量较低,一般每 667 米² 收获种子 30～50 千克。

4. 防虫网隔离制种法的授粉 防虫网隔离制种一般采用昆虫授粉(自然授粉)或人工授粉。

(1)自然授粉 自然授粉是利用传粉昆虫给黄瓜授粉,减少了人工授粉的人力投入,降低了制种成本。在防虫网隔离条件下,自然界中的传粉昆虫是很难进入制种田的,如果采用自然授粉的方法,需要在制种田内放养蜜蜂、苍蝇等传粉昆虫。在放养期间,禁止喷洒杀虫药剂,防止误杀传粉昆虫。如遇阴雨天,昆虫活动减弱,还需进行人工辅助授粉。自然授粉要在雌花开放后放养蜜蜂等传粉昆虫,一般每株有3～4条种瓜后可停止放养。

(2)人工授粉 人工授粉较费工,但可标记做过授粉的黄瓜,确保每个留种瓜授粉,一般种子产量比自然授粉高。人工授粉要在上午进行,取当天开放的异株雄花(当天开放的雄花颜色鲜黄,如颜色变浅发白往往是以前开放的花),去掉雄花花瓣使雄蕊花药外露,将花药轻轻涂抹在当天开放的雌花柱头上(如没有当天开放的雌花,也可选用开花1天后的雌花),也可用毛笔刷取花粉,在柱头上轻轻涂抹。如果在开花坐果期每天反复授粉,可显著提高种子产量。为了节省人工,可每个雌花只授粉1次,对授粉后的雌花做好标记,避免重复授粉或漏授粉。

5. 防虫网隔离制种的注意事项

(1)保证防虫网的隔离效果 使用的防虫网要完整无破损,人员进出时及时关好通道处的防虫网。同时,要经常检查,发现破损、开漏的地方及时维修,以确保隔离效果。

（2）授粉方法的选择 如果网室内只有1个品种繁殖，可以采用蜜蜂授粉；如果网室内有2个及2个以上品种制种，则只能采用人工授粉。

（3）防虫网的覆盖期 防虫网一般在授粉前覆盖，至少要在整个授粉期完好覆盖。如果在开花后才覆盖防虫网，覆盖后应将已经开放的雌花清除。授粉结束后，不要马上撤掉防虫网，最好等种瓜收获后再撤。如果在收获前提早撤防虫网，则要把覆盖防虫网期间授粉的种瓜做标记，种瓜上面留5～10片叶摘心，并及时摘掉撤去防虫网后结的果实。露地防虫网隔离制种时，如果授粉后遇雨水，要在第二天重复授粉。

（二）空间隔离制种法

1. 空间隔离的原理与距离 空间隔离也叫距离隔离。黄瓜是异花授粉植物，虫媒花，主要靠昆虫传粉，昆虫的活动范围是有限的，如果在制种田周围一定范围内没有栽培其他黄瓜品种，就不会有外源花粉带入制种田。为了获得较高纯度的种子，一般空间隔离距离要在1 000米左右，在这个距离内不能栽种其他品种的黄瓜。由于昆虫的飞行高度有限，一些高大的物体能够限制昆虫活动，如果制种田的四周有天然屏障，如高大的建筑物、高山、树林等，隔离距离可以缩短。

2. 空间隔离的茬口安排与选择 空间隔离制种法一般在露地进行，按茬口可分为春露地制种和夏、秋露地制种。春露地制种，气候条件能满足黄瓜生育需求，可以获得较高的种子产量，种子质量也较高；夏、秋露地制种，气候条件不适宜黄瓜生育需求,种子产量较低,质量也下降。在制种生产中,茬口安排要考虑以下因素。

(1)根据品种特性选择茬口　品种性型分化易受环境影响、抗病性较差、晚熟、分枝能力较弱的品种适宜春季露地制种;品种性型分化对环境条件不太敏感、抗病性较强、早熟、分枝能力较强的品种可以在秋季露地制种。

(2)根据经济性选择茬口　制种不仅要考虑产量、质量,还要考虑制种成本、利润。一般春露地制种效果好,但成本较高;夏、秋露地制种,一般都在前茬主栽作物收获后进行,制种成本较低,但种子产量、质量较低。

(3)根据制种任务选择茬口　如果制种单位对种子需要的较迫切,则要尽可能提早安排制种生产;如果对产量、质量要求较高,一般要安排在春季露地制种。

在黄瓜种子生产中要综合考虑以上因素,权衡利弊,选择最佳的制种方案。

3. 空间隔离制种法的授粉　空间隔离制种以昆虫授粉(自然授粉)为主,个别的采用人工授粉。

(1)自然授粉　自然授粉是利用传粉昆虫给黄瓜授粉,减少了人工授粉的人力投入。空间隔离制种的授粉,一般依靠自然界中的昆虫就可以完成,如果制种区蜜蜂等传粉昆虫较少,可以在制种田放养蜜蜂,利用放养的蜜蜂进行授粉。在放养期间,禁止喷洒杀虫药剂,防止误杀传粉昆虫。在阴雨天昆虫活动减弱,要进行人工辅助授粉。

(2)人工授粉　人工授粉较费工,但可对做过授粉的黄瓜标记,确保每个留种瓜授粉,一般比自然授粉种子产量稍高。具体方法参见防虫网隔离人工授粉部分的相关内容。

4.空间隔离制种法的注意事项　利用空间隔离制种时,要保证与其他黄瓜品种达到规定的隔离距离。同时要注意在制种田周边巡视,发现隔离范围内的个别黄瓜植株,要与种植者协商及时除去,严格防止非目的杂交。

(三)人工束花制种法

1.人工束花制种法的原理　用嫁接夹、炮线、保险丝(5安培)等器械束住第二天将要开放花的花瓣,被束住的花第二天虽然开放,但花瓣不能张开,昆虫不能进入采粉和授粉,从而防止了非目的杂交。

2.人工束花制种的方法　一般花冠呈明显黄色的大花蕾,第二天早上就能开放。在授粉前1天下午,选择这样的花进行束花。授粉当天,首先采集束好并开放的雄花,携带雄花,按行寻找束好并开放的雌花。先去掉雌花束花的器械,再去掉雄花束花的器械,并剥去雄花花瓣,使花药外露。然后用手轻轻地触碰雌花花瓣,使花瓣张开,柱头外露。将雄花花药在雌花柱头上轻轻地均匀涂抹。如果雄花较多,每朵雌花可用两朵雄花授粉。也可用毛笔刷取花粉,在柱头上轻轻涂抹。在大量制种时还可将采集的雄花花药取下,放在玻璃器皿中,用授粉器搅拌使花粉散出,然后用混合花粉授粉。授粉后,将雌花重新束好,做好标记。一般每节只留1个种瓜,如果留有种瓜的节位有其他雌花产生要及早去掉。

3. 人工束花制种法的特点 人工束花制种法在不同设施和茬口均可采用,其隔离效果好,种子纯度高。但束花比较费工。一般在原种子生产、品种较多、制种面积小的情况下采用。

(四)三种常规品种制种技术的比较

纱网隔离、距离隔离、束花隔离 3 种常规品种的制种技术,各有优缺点。适用对象不同,具体区别见表 5-1。

表 5-1 3 种常规品种制种技术比较

制种方法	种子纯度	成本投入	用工投入	主要授粉方式	适用对象
纱网隔离	较高	高	较高	人工或昆虫	原种、生产种
距离隔离	一般	低	低	昆虫	生产种
束花隔离	高	较高	高	人工	原种

二、杂交品种制种技术

(一)人工束花杂交制种法

1. 人工束花杂交制种法的原理 用嫁接夹、炮线、保险丝(5 安培)等器械将第二天要开放的母本雌花和父本雄花束住。被束住的花第二天虽然开放,但花瓣不能张开,昆虫不能进入取粉和授粉,从而防止了非目的杂交。

2. 人工束花杂交制种法

(1)父、母本的播期 为了保证种子产量,要根据双亲的开花期分别播种,使父、母本开花期相遇。开花期早的延后播种,开花期晚的提前播种。黄瓜一般为雌雄异花同株植物,大多数黄瓜试材每个节位都有雄花产生,所以一般植株生长的节位数越多,雄花也越多。因此,要提前播种父本,使父本提前长到一定节位,为母本供给充足的雄花。一般父本要比母本提前播种5～7天。

(2)父、母本的栽培比例　根据父本雄花开花情况和母本雌花开花情况确定父、母本的栽培比例。需要考察的因素包括:父本每节有雄花多少、有雄花的节位多少、父本雄花集中开放程度、父本分枝能力;母本雌花多少、母本雌花集中开放程度等。父本雄花较多、分枝能力强的,可以少栽父本;母本雌花较多、集中开放度较高的,要适当多栽父本;母本雌花集中开放度较低的,可以适当少栽父本。一般情况父、母本的比例为1:3～6。

(3)授粉方法　一般黄瓜花冠呈明显黄色的大花蕾,第二天早上就能开放。在授粉前1天的下午,选择这样的花束花。授粉当天,首先在父本田中采集束好并开放的雄花。携带采好的雄花,在母本田中按行寻找束好的雌花,进行授粉。授粉方法同常规品种人工束花制种法的授粉方法。

3.人工束花制种法的特点　人工束花制种法在不同设施和茬口均可采用,隔离效果好,种子纯度高。但束花比较费工。一般在品种较多、制种面积小、扩繁亲本等情况下采用。

(二)防虫网隔离杂交制种法

1.隔离设施　采用防虫网覆盖隔离,具体方法参见常规品种防虫网隔离制种法的相关部分内容。

2. 制种场所与茬口的选择原则 防虫网隔离杂交制种法在不同设施、不同茬口均可采用,具体方法参见常规品种防虫网隔离制种法的相关部分。

3. 父、母本播期和栽培比例 参见人工束花杂交制种法的相关内容。

4. 授粉方法 防虫网隔离杂交制种法大多采用人工授粉,极少数采用昆虫授粉(自然授粉)。

(1)人工授粉 人工授粉要在上午进行。操作时先采集当天开放的父本雄花(当天开放的雄花颜色鲜黄,如颜色变浅发白往往是前1天的花),然后携带采好的雄花,在母本田逐行给雌花授粉。授粉时,先选择合适的雌花(最好是当天开放的雌花,但开花前1天及开花后1天的雌花也具有受精能力),然后去掉雄花花瓣使雄蕊花药外露,将花药轻轻涂抹在雌花柱头上。也可用毛笔刷取花粉,在柱头上轻轻涂抹。在开花坐果期每天反复授粉,可显著提高种子产量。如果为了节省人工,也可每个雌花只授粉1次,授粉后的雌花做标记,避免重复授粉或漏授粉。人工授粉可在同一个网室生产多个品种,授粉时按不同父、母本进行杂交即可。人工授粉较费工,但可标记做过授粉的黄瓜,确保每个留种瓜都做过授粉,一般比自然授粉种子产量要高。

(2)自然授粉 自然授粉在纱网隔离杂交制种中应用得较少。如果采用自然授粉,要提前清除母本雄花或选择母本是雌性系的品种。对于母本不是雌性系的品种,要在母本雄花开放前把母本雄花去掉。母本是雌性系的制种方法参见利用雌性系杂交制种的相关内容。采用自然授粉法时父、母本要间隔栽培,每隔3~6行母本,栽培1行父本。雌花开放后在制种田内放养蜜蜂、苍蝇等传粉昆虫。在放养期间,禁止喷洒杀虫药剂,防止误杀传粉昆虫。如遇阴雨天,昆虫活动减弱,应进行人工辅助授粉。每株有3~4条种瓜后可停止放养传粉昆虫。

5. 防虫网隔离杂交制种的注意事项

(1)保证防虫网的隔离效果 使用的防虫网要完整无破损,人员进出时及时关好通道处的防虫网。经常检查,发现破损、开漏的地方及时维修。

(2)授粉方法的选择 纱网隔离杂交制种一般采用人工授粉。如果采用昆虫授粉,要及时去掉母本雄花或选择母本是雌性系的品种。如果同一网室内有多个杂交品种,则不可采用自然授粉法。

(3)防虫网的覆盖期 防虫网至少要在整个授粉期完好覆盖。一般要在开花前覆盖防虫网,如果在开花后覆盖防虫网,则要将覆盖前已经开放的雌花清除掉,防止混入未隔离情况下授粉受精的种瓜。授粉结束后,不要马上撤掉防虫网,最好等到种瓜收获后再撤。如果在收获前撤掉防虫网,要先把黄瓜打顶,并及时去掉撤去防虫网后结的果实,防止其他花粉授粉的种瓜混入。

(三)利用雌性系杂交制种法

1. 利用雌性系杂交制种的优点

(1)提高种子的经济性状 黄瓜雌性系及其杂种一般具有早熟、丰产、采收集中、单性结实能力强等优点。

在国外黄瓜雌性系已被普遍应用,在国内也已开始了雌性系的选育和应用。如育成的华北型温室黄瓜品种永昌9618、中农13、绿园3号等,华南型保护地黄瓜品种绿园31,欧洲类型黄瓜品种京研迷你系列、3966等。

(2)降低种子生产成本 雌性系为母本,雌雄同株系为父本的杂交制种,可以利用防虫网隔离制种法,也可以用空间隔离制种法。利用防虫网隔离制种时,由于母本没有雄花,可以在不对母本去雄条件下,网室内放养传粉昆虫进行自然授粉,节省人工,降低制种成本。利用空间隔离制种时,可以利用自然界中的传粉昆虫完成授粉,省去了母本去雄和人工授粉工作,降低了制种成本。

(3)提高种子纯度 父、母本均是雌雄同株系的品种,在自然授粉时需要对母本去雄,但母本雄花难免有所遗漏,导致假杂种(母本的自交种)出现。而母本是雌性系时,母本没有雄花产生,保证了杂交制种时不会有母本自交种子产生,提高了种子纯度。

2.利用雌性系杂交制种的方法

(1)空间隔离法

①隔离距离 与其他黄瓜品种的隔离距离要在1000米以上。如果制种田的四周有天然屏障,如高大的建筑物、高山、树林等,隔离距离可以缩短。

②父、母本的栽培方法 在制种区按一定比例栽培雌性系母本和雌雄同株系父本。为更好地使母本授粉,父、母本要间隔栽培。每隔1行父本,栽3行母本。

③授粉方法 空间隔离法雌性系杂交制种,由于母

本没有雄花,不用担心母本雄花对杂交制种的影响,一般采用自然授粉法,利用自然界中的传粉昆虫进行授粉。可以省去束花或纱网隔离或去雄工作,降低制种成本。

(2)纱网隔离法　纱网的覆盖方法、时期同常规品种纱网隔离制种法,不同的是杂交制种法每个网室内都要栽培父、母本植株。如果每个网室内只有1个品种,可以采用昆虫授粉。如果一个网室内生产多个品种,则只能采用人工授粉。采用昆虫授粉时,父、母本要间隔栽培;采用人工授粉时,父、母本可分区栽培。

(3)人工束花杂交制种法　在无隔离距离、无防虫网的情况下采用人工束花杂交制种法。具体方法参见常规品种的人工束花杂交制种法。

3. 雌性系的繁殖　雌性系没有雄花,繁殖雌性系亲本时要在幼苗期进行诱雄处理,使植株产生雄花。常用的诱雄药剂有硝酸银、硫代硝酸银及赤霉素。诱雄处理幼苗以1叶1心至2叶1心期开始为佳,每长出1～2片真叶处理1次,共处理2～3次。把药剂用天平、量筒等配制成相应浓度,搅拌均匀,现用现配。药液配好后用喷雾器喷雾,如果需要处理的幼苗较少,可用小喷壶喷雾。注意喷雾要细致,雾滴尽量细小,叶片均要喷到,但药液不能从叶片上流下来,不要重复喷药,以免产生药害。喷药最好在傍晚进行。各种药剂的喷洒浓度如下。

(1)硝酸银　硝酸银溶液浓度一般用200～900毫克/升,对雌性较强的雌性系选用较高的浓度(900毫克/升)才会获得较好的诱雄效果。喷洒时一定要注意不要重复喷药,不要用药过量,防止发生药害。

(2)硫代硝酸银　硫代硝酸银溶液浓度一般用300～1000毫克/升。浓度为1000毫克/升硫代硝酸银的配制方法如下:取12克硫代硫酸钠溶于500毫升蒸馏水,充分溶解并混匀。取1克硝酸银溶于500毫升蒸馏水中调匀。喷药前将二者等量混合即可。

(3)赤霉素　赤霉素溶液浓度一般用1000～2000毫克/升。赤霉素不易溶于水,配制前先称量好需要的赤霉素,再用少量酒精溶解,最后加水定容,配成所需浓度。

3种药剂的优缺点不同,具体区别可见表5-2。

表5-2　不同诱雄药剂比较

药　剂	浓度(毫克/升)	诱雄效果	药　害
硝酸银溶液	200～900	好	可造成死秧、烧叶等
硫代硝酸银溶液	300～1 000	好	较　少
赤霉素溶液	1 000～2 000	一　般	易造成秧苗徒长

雌性系黄瓜在幼苗期诱雄处理后,会有雄花产生,可以进行自交授粉,扩繁雌性系。但苗期诱雄处理次数少的时候,往往仅在下部节位有雄花产生,上部节位仍全是雌花,所以自交授粉要在前期进行。

4. 利用雌性系杂交制种的注意事项

(1)父、母本定植比例　雌性系一般雌花节率高、授粉集中,和一般的品种相比父本的栽培比例要高。具体栽培比例应根据父本雄花开花情况确定,需要考虑的因素包括:父本雄花多少(每节雄花多少、有雄花的节位多少),父本雄花集中开放程度,父本分枝能力等。父本雄花较多、分枝能力强的,可以少栽父本;否则要提高父本的栽培比例。一般父、母本的栽培比例为1∶3左右。

(2)雌性系雄花的清理 生产中有些雌性系的雌花节率达不到100%,基部少数节位仍有雄花产生。有些雌性系不是所有植株均为雌性株,存在少数强雌株(基部有少数雄花产生的植株)。所以,在开花前,要认真检查母本植株,及时去掉雄花或拔掉基部有雄花的植株,以免产生假杂种。

(3)授粉时的注意事项 雌性系具有雌花连续开放和连续坐果的特点,因此授粉时间往往十分集中,有时需3天时间完成授粉工作,每667米² 每天授粉需用工5～6人,应提前安排好人力,以免耽误授粉。根据母本雌性系的植株长势等特点,一般每株可留2～4个种瓜,果实较小的(如欧洲类型黄瓜)可每株留种瓜5～7个,种瓜适宜连续保留,如果空开节位留瓜,上部的种瓜吸收营养困难,容易化瓜。第一个种瓜的节位要根据生长期长短、雌性系长势、抗病性等因素确定。生长期较短,雌性系长势强,抗病性弱的品种应在较低的节位授粉留瓜,一般可在4～6节开始留种瓜;生长期较长,雌性系长势一般,抗病性较强的品种应在较高的节位授粉留瓜,一般要在10节以后留种瓜。

(4)栽培管理的注意事项 黄瓜制种一般安排在春季进行。特别是性别表现对环境敏感的雌性系,在夏、秋季节可能会有雄花产生,更应选在春季制种。雌性系一般早熟性好,如果想尽早采种,父本要提前播种7～10

54

天。如果并不想尽早采种(生长期足够长的时候),父本播期可以和一般品种的父本播期相同。此时要把雌性系基部的雌花去掉,防止下部果实坠秧,促使植株充分生长,提高授粉节位,以获得较高的种子产量。雌性系丰产潜力大,结果集中,结果期要加强肥水管理,及时补充水分和各种养分,满足植株生长需求。

(5)种瓜的选留 大多数雌性系早熟性好,3～5 节就有雌花产生,如果此时留种瓜容易坠秧,导致整体产量下降。所以,除了生长期短,担心种子不能成熟时需要早留种瓜外,一般都应在 10 节以上的节位开始留种瓜。雌性系具有连续结瓜能力,一般都是 2～4 个果实同时成熟,因此,种瓜应连续选留,以利于种瓜集中成熟,而且上边的种瓜不易化掉。

(四)化学去雄自然杂交制种法

雌性系的选育比较困难,生产中可采用化学药剂改变黄瓜母本的性别表现,使其接近雌性。

1. 化学去雄药剂 黄瓜的性别表现除了受遗传、环境影响外,还受激素的影响。其中增加雌花效果明显的药剂是乙烯利,一般市场销售的是含乙烯利 40% 的制品,使用时要折算后加清水稀释至所需浓度。

2. 化学去雄方法

(1)浓度 采用乙烯利去雄的浓度一般为 100～300 毫克/升,环境条件不同其最适宜的浓度发生变化,北方地区一般以 250～300 毫克/升较为合适,而广州地区则以 100 毫克/升较为合适。

(2)喷施时期 母本植株2～3片真叶时开始喷洒,喷洒至叶面开始滴水为止。母本植株每生长1～2片真叶喷洒1次,共喷洒2～4次。一般春季制种生长期较短可次数少些;夏、秋季制种生长期较长可次数多些。喷洒要选择晴天,防止雨水冲掉药液,影响去雄效果。喷洒应在每天的早、晚进行,此时空气湿度较大,药液可以较长时间停留在叶片上,药效较长。

3. 乙烯利去雄处理的副作用 乙烯利除了有增雌去雄效果外,也会产生一些副作用。副作用的大小通常与喷药浓度相关,生产中要注意控制乙烯利的浓度,在实现去雄效果的情况下,尽量降低浓度。

(1)矮化作用 乙烯利的副作用和赤霉素相反,可使植株矮化,节间变短。浓度越高,矮化效果越明显。

(2)产生畸形瓜 使果实畸形,产生蜂腰瓜、大肚瓜等。浓度越高,畸形瓜越多。

(3)对雌花幼蕾的杀伤作用 喷洒乙烯利后可使雌花幼蕾转黄凋谢。但对雄花幼蕾影响较小,雄花开放后,花粉可正常发芽。

(4)影响种子单重 浓度与干种子千粒重成反比,浓度越高,种子千粒重越低。

4. 化学去雄杂交制种法的授粉方法 化学去雄后,母本的性别表现类似雌性系,可以在空间隔离或防虫网隔离条件下,采用自然授粉的方法制种,实现降低成本的目的。具体方法可参见利用雌性系杂交制种的相关内容。

5. 化学去雄自然杂交制种需要注意的事项

（1）乙烯利浓度　为防止和减少乙烯利的副作用，在大面积制种田使用前，先在制种区进行试验，确定当地去雄的适宜浓度。在实现去雄效果的前提下，尽量降低药液浓度。

（2）母本植株的去雄　去雄处理后的母本，可能在下部仍会有少数雄花产生，在授粉前要及时去除。去雄处理只能影响植株一定节位的性别表现，一定节位之后植株又恢复为普通的雌雄同株，产生雄花。生产中要在母本雄花产生前停止授粉，标记雄花产生前授粉的种瓜，在最高节位种瓜上留 5 片叶左右摘心，并去掉以后没有标记的雌花，防止出现假杂种。

（3）人工辅助授粉　昆虫在阴雨天活动减弱，此时要进行人工辅助授粉。

三、种子纯度的鉴定

种子纯度鉴定是指对所生产种子的真实可靠程度进行鉴定。包括两个方面：一是种子真实性程度，即种子的表现与品种的特征特性相符程度，是否与品种的说明相一致。二是一致性程度，样品各植株各性状是否一致。纯度是指样品中本品种的种子数（或植株数）占供鉴定的总种子数的百分率。纯度低的种子会对农业生产造成不利影响，导致减产或降低产品的商品性，严重的甚至会导致绝收。所以，生产出的种子在销售前必须进行纯度鉴定，纯度合格的种子才能销售。

品种纯度鉴定的方法主要有田间鉴定和实验室鉴定两种。田间鉴定可分为苗期标记性状鉴定和田间种植鉴定,其中田间种植鉴定方法简单、鉴定性状完整,是目前采用最普遍的鉴定方法。实验室鉴定可分为常规实验室鉴定和生物技术鉴定,其中生物技术鉴定具有准确、快速、简便、成本低等优点,是将来种子纯度鉴定的发展方向。

(一)苗期标记性状鉴定

苗期标记性状鉴定,属于田间鉴定的一种,但不需要在田间栽培幼苗,仅在育苗期根据品种的特殊标记性状来鉴定品种纯度。本方法的优点是比较快捷、简便;缺点是适用范围较小,鉴别的性状不完整,有时不够准确。

1. 适用条件　品种需要在苗期具有本品种的特殊性状,比如叶片的形态、颜色、大小等与众不同,就可把叶片的这些特殊性状作为鉴定品种纯度的苗期标记性状。

2. 黄瓜可用于苗期鉴定的性状

(1)幼苗长势　大多数华南型黄瓜幼苗期生长迅速,与其他类型黄瓜品种相比,华南型黄瓜幼苗往往植株较高、节间较长、茎较细。该类品种往往苗期耐旱性较强,为了防止幼苗徒长,苗期往往会控水管理,此时华南型黄瓜与其他类型黄瓜的区别更加明显,可以利用这一性状,鉴定品种是否为华南类型黄瓜品种。

(2)叶片颜色和形态　有些黄瓜品种在苗期叶片颜色很浅,或很深,可以作为标志性状;有些黄瓜品种叶片形态与众不同,比如缺刻明显、叶形瘦长等,也可作为标志性状;有些黄瓜品种子叶形态特殊,比如非常瘦长,也可作为标记性状。有些欧洲类型品种在苗期叶片边缘下垂、叶色较浅,可以作为与其他类型黄瓜区别的标志性状。

(3)刚毛 一般黄瓜茎、叶、卷须上均覆盖短刚毛,手摸植株表面有扎手感,但有个别黄瓜为无毛类型。无毛类型黄瓜具有一些明显特征:茎、叶表面、叶柄、卷须、花柄、花萼均没有短刚毛,手摸表面光滑,无扎手感觉。无毛性状为隐性性状,与普通黄瓜杂交的 F_1 代中,植株均表现为正常的有毛性状。而且无毛的特点在幼苗子叶出现时就能与普通黄瓜苗区分,是很好的苗期标记性状。

3. 苗期标志性状鉴定的局限性 ①需要品种在苗期即具有与众不同的典型性状。对于杂交种来说,不仅要求该品种苗期的性状与其他品种不同,还要与父、母本特别是母本性状不同。而大多数黄瓜品种在苗期的区别并不明显,所以可利用苗期鉴定的品种并不多。②苗期鉴定只能根据较少的性状来鉴定,并未涉及商品性、抗性等性状的鉴定,一般情况下仅可作为初级的、阶段性的、排除式的鉴定,而不是准确的鉴定。

(二)田间种植鉴定

田间种植鉴定,鉴别的性状完整,可在植物的整个生长发育时期对各个重要的经济性状做详细而准确的鉴定。本方法的优点是鉴定的性状完整,结果较准确;缺点是鉴定的时间长,工作量大。

1. 适用条件 所有黄瓜品种均可采用田间种植鉴定

的方法。但采用此方法鉴定,需要一个生育周期的鉴定时间,可能会影响种子销售,对急于销售的种子应采用其他方法(如分子标记法)进行鉴定。

2.鉴定的茬口和设施安排　田间种植鉴定应在品种特征特性表现最明显的时期进行。如果所生产的种子是春季温室栽培的品种,则最好安排在春季温室进行品种鉴定,这样不仅能鉴定出品种的一致性,还能鉴定出品种的适应性。如果生产的种子是适宜秋季露地栽培的黄瓜品种,就应该安排在秋季露地进行鉴定,使品种的耐热性、抗病性、商品性及产量性状等充分表现出来。

3.田间种植鉴定的小区安排　一般种子生产者对不同批次种子都要抽样鉴定。每个样品至少要栽培 2 个重复小区,每次重复内要保证环境条件的基本一致,如有环境条件差异应安排在重复之间,而不能安排在重复内。每个小区的植株一般不少于 100 株。每 10 个样品设置 1个对照区,对照区栽培标准的本品种,以便比较鉴定。

4.栽培管理　田间种植鉴定的栽培管理与黄瓜生产管理基本相同,要充分满足黄瓜生育所需的温、光、水、气、肥等条件,满足本品种对栽培的特殊要求,使品种的特征特性充分表达,才能完成品种的鉴定工作。

5.鉴定方法

(1)取样　如果小区面积较大,则不必调查所有植株,可采用取样的方法,只对样品植株的性状进行比较鉴定。取样可采用对角线形取样和棋盘式取样等。如果小区面积较小,仅有几十株,则要逐株鉴定。

（2）**株型**　株型方面应调查的内容包括长势是否一致，植株形态是否相同等。具体包括：节间长短、茎粗、分枝能力、株高、叶片大小、叶片形状、叶片颜色、叶片开张角度、第一雌花节位、雌花节率、雄花着生情况等。对株型的调查一般要分期进行，植株长至 15 节左右时调查 1次，中后期调查 1～2 次。采用测量或目测的方法进行。

（3）**商品性**　商品性是主要的经济性状，也是鉴定的最重要性状之一。具体包括：瓜长、瓜粗、瓜把长、瓜形状、瓜棱是否明显、刺瘤大小、刺多少、刺色、瓜皮颜色、光泽、底色是否均匀、瓜肉颜色、心腔大小、风味等。一般采用目测或测量的方法进行。

（4）**产量**　对品种纯度的鉴定一般不需要直接测量产量，主要调查第一雌花节位、雌花节率与对照的区别。如果想更准确地进行产量鉴定，可以记录采收的果实数，比较果实数与对照的区别。

（5）**抗逆性**　抗逆性是品种的重要特性之一，决定了品种的适宜茬口和设施，是最重要的鉴定性状之一。需要鉴定的性状包括：耐低温性、耐弱光性、耐热性、耐旱能力等。鉴定方法主要是在逆境条件下比较其生长发育情况。

（6）**抗病性**　抗病性是品种的重要特性之一，是重要的鉴定性状之一。对于每个品种来说，抗病性的鉴定主要是鉴别该批次种子是否具备本品种所应具有的抗病性。鉴定方法可以采用苗期接种鉴定、田间观察鉴定等方法。

（7）其他的鉴定性状　有些品种具有一些特别性状，可以作为标志性状进行鉴定。如个别品种在叶柄上长有叶痕，明显区别于其他品种，这一性状可作为鉴定该品种纯度的标志性状。

6. 品种纯度计算

根据调查结果分别计算各批次种子的纯度。

$$品种纯度（\%）=\frac{本品种株数}{供检总株数}\times100$$

鉴定内容中的株型、商品性、抗逆性、抗病性等性状与本品种特征特性相同的植株为本品种植株。每个批次中本品种植株的数量除以该批次供检总株数为该批次品种的纯度。

（三）常规实验室鉴定

1. 种子形态鉴定　可在实验室内利用肉眼或放大镜观察种子形态特征，利用品种间种子形态的差异进行鉴定。形态特征的差异包括：种子的形状、大小、光泽及颜色等。鉴定时要与本品种标准品种的样品进行比对。此方法适合种子形态具有明显特征的品种，如有的华南类型黄瓜种子非常扁且大，有的黄瓜品种种子非常细长，有的黄瓜品种种子非常小等。种子形态鉴定一般只适合鉴定品种间的区别，而不能鉴别杂交种与母本种子。

2. 同工酶鉴定　利用品种的标志同工酶带可对不同基因型的种子进行鉴别，这种方法和田间种植鉴定法相比具有准确、可靠、快速和受外界环境条件影响小等优点。同工酶是核基因表达的产物，具有组织特异性和发育阶段性，不同的组织器官和不同的发育时期酶谱的表现及酶的活性都可能不同，所以不同基因型的黄瓜在幼苗期就有可能找到各自的标志性同工酶带，从而对种子纯度做早期鉴定。在黄瓜同工酶鉴定时要注意所选择的同工酶要具有多态性，在早期具有较强的活性，而且能稳定地表达。目前在黄瓜种子纯度鉴定中应用的同工酶有：苹果酸脱氢酶（MDH）、酸性磷酸酶（ACP）等。同工酶分析技术虽然手段较为简单，不受环境条件影响，能对较大群体进行鉴别，但是由于能够使用的同工酶数量很有限，应用受到限制。

同工酶鉴定多采用电泳法进行，其基本步骤如下：①提取样品。将待测种子去壳后研磨，然后离心。②电泳。取离心后的上清液进行电泳，一般采用聚丙烯酰胺凝胶电泳（PAGE）。③染色。对不同的同工酶采用不同的染色方法进行染色。④电泳图谱分析。对电泳图谱进行分析，鉴定种子纯度。

（四）生物技术鉴定

近年来随着分子生物技术的不断发展，利用 DNA 分子标记鉴定种子纯度的技术也得到应用与发展。

1. 分子标记的原理 分子标记（Molecular Markers）是以个体间遗传物质内核苷酸序列变异为基础的遗传标记，是 DNA 水平遗传多态性的直接反映。由于不同黄瓜品种的基因型不同，其 DNA 的碱基排列顺序也不同，可利用这种不同来鉴定品种的纯度。

2. 分子标记的优缺点 与其他几种鉴定方法相比，

DNA 分子标记的优点为：基因组变异极其丰富，分子标记的数量几乎是无限的；在生物发育的不同阶段，不同组织的 DNA 都可用于标记分析；分子标记揭示来自 DNA 的变异，不受环境影响；检测手段简单、迅速，能较快地鉴定出种子纯度等。其缺点是：对每个需要鉴定的黄瓜品种都要事先筛选分子标记，而且目前筛选出的标记多数还存在稳定性差、多态性不足等缺陷，无法满足大批量黄瓜种子纯度鉴定的需求。

3. 分子标记在黄瓜种子纯度鉴定中的应用　早在 1994 年 Matsuura 等发现利用 RFLP 分析可快速检测黄瓜杂交一代（F_1）品种的纯度。以后对分子标记鉴定黄瓜种子纯度进行了不断地探索和应用。目前在黄瓜种子纯度鉴定中应用的标记有 AFLP 标记、RAPD 标记、SSR 标记、InDel 标记等。

4. 分子标记鉴定种子纯度的基本方法　①筛选特异谱带。包括筛选引物、制备黄瓜基因组 DNA 模板、PCR 扩增、电泳等。②利用特异谱带对种子纯度进行鉴定。

四、种子的收获

（一）种瓜的收获

1. 种瓜收获期　一般授粉后 40 天左右种瓜达到生理成熟即可收获。收获前进行最后 1 次选择淘汰，去掉病瓜、果型不符合本品种特征的瓜、撤除纱网后长出的瓜、无杂交授粉标记的瓜等。

2. 种瓜收获方法　有授粉标记的种瓜,要按标记采收,防止其他瓜混入种瓜。如果一个制种田有 2 个以上的品种,种瓜要分开采收,采收时,要认真清理使用过的容器。腐烂的种瓜,要将种子连同瓜瓤汁液一起挖出,放在水桶等容器内。如果种瓜已经充分成熟,果实完全转黄变软,可在田间随即剖瓜取籽;尚未充分成熟的种瓜经过后熟再取籽。

3. 种瓜收获时的注意事项

(1)注意品种特性　有些品种种子休眠期短,在种瓜内就可能发芽。这样的品种要适当早收种瓜,采收后不宜后熟,直接剖瓜取籽,防止种子发芽造成损失。

(2)防止机械混杂　对于品种较多的制种田,要注意防止机械混杂。一是不同品种,不同批次的种子要用标签做好标记,防止混淆。二是用过的器械要认真清理,防止残留的种子混入另一个品种。三是田间采种时不同品种分开放置,去除异样品种瓜和无标记瓜等。

(二)种瓜的后熟

1. 后熟的概念　后熟是指种子在果实或植株中最后进行的生理生化过程,或者说是种子工艺成熟至生理成熟所经历的一段时间。工艺成熟后种子各器官形态上已经发育完全,但种胚还没有完成最后的生理成熟阶段,其内部还要进行一系列生理生化的转化过程,把简单的营养物质合成为复杂的营养物质,氧化还原酶及水解酶的活性降低,种子内部的营养物质由不可吸收状态转化为可被种胚吸收的状态,种皮由不可透性逐步转为可透性,从而达到生理成熟,具备发芽能力。

2. 种子后熟的作用　种子后熟最重要的作用是提高种子的发芽率,同时还能增加种子千粒重、种子活力、幼苗平均鲜重、活力指数等。种瓜的成熟度越高,后熟需要的时间越短。黄瓜一般需要 7～10 天的后熟时间,后熟10 天以后的种子千粒重不再增加,继续后熟发芽率反而降低。同时,后熟时间过长会使种瓜腐烂,种子霉烂变黑,甚至种子在种瓜内发芽等。

3. 种瓜后熟方法　为了保证种瓜的后熟天数,防止种瓜腐烂,种瓜收获后用 1％甲醛溶液将整条瓜全部浸湿,进行种瓜表面消毒,然后贮藏后熟。后熟场所要求阴凉、通风、防雨、防鸟、防虫、防鼠,种瓜按行摞在一起,行间隔开一定空间。后熟期间,加强通风,防止种瓜发霉。要定期检查,发现腐烂的种瓜及时剖瓜取籽。

4. 适宜后熟的种瓜　如果授粉后已经正常生长 40 天以上,且种瓜已经充分成熟(种瓜完全转黄变软)的可不后熟,直接在田间剖瓜取籽。如果种瓜未完全成熟,则要经过后熟再取籽。适宜后熟的种瓜:①授粉后生长期不够。授粉后由于倒茬或气候条件等原因导致生长期不足的,要通过后熟来提高种子千粒重和发芽率等。②环境条件未充分满足黄瓜生育需求。植株生长条件不好,如肥水、温度等没有满足植株生育需求的,授粉后的生长期虽然够了,但种瓜生长得不好,需后熟。③植株生长不健康。有些制种田病害较重,植株生长不良,采收的种瓜需后熟。④种瓜颜色未充分转黄,或种瓜已转黄但仍较硬,需要后熟。

5. 不适宜后熟的种瓜 ①有些黄瓜品种种子休眠期短,在种瓜内即可发芽。这类品种不适宜后熟,要及时采收并及时剖瓜取籽。②授粉后正常生长 40 天以上,且种瓜已明显转黄变软。

(三)种子的收获

1. 分离种皮的胶质黏膜 黄瓜种皮上附有一层胶质黏膜,不易与种子分离,要采取以下措施去除。

(1)发酵法 将后熟的种瓜用刀纵向剖开,把果瓤面朝下用手或小汤勺将种子连同瓜瓤一起挖出,放进非金属容器中使其发酵。发酵时间随温度而异,15℃～20℃条件下需要 3～6 天,25℃～30℃条件下需要 1～2 天。发酵过程中每天要用木棍搅拌 1～2 次,当种子和胶质黏膜分离下沉后,即可停止发酵,清洗种子。发酵时间短,黏膜不易脱离,种子淘洗困难;发酵时间过长,种子发黑,发芽率降低,质量下降。此方法操作简单,分离胶质黏膜效果好,种子能保持原有外观,被普遍采用。缺点是发酵所需的时间较长。

(2)药剂处理法 每 1000 毫升黄瓜瓤中加入 35% 盐酸 5 毫升,30 分钟后用清水淘洗干净。或加入 25% 氨水 12 毫升,搅拌 20 分钟左右,然后加水,种子即可分离沉入水底。此时再加入少量盐酸使种子恢复原有色泽,取出种子用清水淘洗即可。此方法分离时间短,分离效果也较好,且种子的发芽率高于发酵法。但需要准备化学药剂,且操作较麻烦。

（3）机械法　用黄瓜脱粒机将果实压碎,挤压果实使种子、瓜肉及黏膜分离。此方法省时、省工,但需要专门的设备,且种子质量不如前两种方法好。

（4）注意事项　瓜瓤要放在非金属容器内,否则发酵过程中种子易发芽,而且金属容器易导致种子变色,影响种子质量。发酵法处理时,瓜瓤中一定不要混入其他水分,否则易引起种子发芽。

2. 种子的清洗

（1）清洗方法　种子经上述方法处理后,用木棍搅动容器,种子较重会沉入水底,其他物质会漂浮在表层,倒掉这些表层杂物,再将剩余的种液用手搓揉,使种子和其周围残留的黏质物质完全分离,然后加水反复冲洗,直至水变清,种子上面无黏质、无杂质为止。

（2）注意事项　种子一定要淘洗干净,洗得越洁净,种子干燥得越快,越能保持良好的发芽率。

3. 种子的晾晒

（1）晾晒方法　晾晒要尽量选择晴天进行。将淘洗好的种子摊铺在麻布、凉席或纱网上,进行晾晒风干。种子摊铺的厚度要尽量薄一些,不宜超过 4 厘米。晾晒过程要经常翻动。如遇降雨要将种子及时收入室内,在室内摊铺好,用风扇吹风干燥或用红外线灯照射干燥。

（2）晾晒完成的标准　晾晒后种子含水量要低于10%,水分过大,不利于贮藏,但晒种时间过长,也会降低发芽率。晾晒完成的种子坚脆,拦腰一折即断;而未干透的种子,则较坚韧,不易折断。

(3)注意事项　①不可直接放在水泥地上或水泥和白灰混制的房顶上暴晒,否则容易灼伤种子,降低发芽率。②应在上午、下午晾晒,避免中午太阳暴晒。③不同品种分开晾晒,已用过的器械,再晾晒其他品种时要清理干净,防止机械混杂。

五、种子加工与贮藏

种子的加工和贮藏是制种技术的重要组成部分之一。

(一)种子的加工

黄瓜种子收获后,要经过清选、消毒、包衣、包装等加工程序,使种子达到纯净、健康、干燥等质量标准,方可进入市场。

1.种子的清选

(1)清选的目的　除去种子中的各种杂物,如秸秆、沙土、未成熟的种子(瘪籽)、破碎的种子等。清选具有精选分级的作用。

(2)清选的原理　健康饱满的种子和杂物及不合格的种子在形状、大小、密度、表面特性等方面不同,可以利用这些不同用一定设备分离出合格的种子。

(3)清选的方法　根据黄瓜饱满种子与杂物及不合格种子的不同密度,进行风选分离。可用的设备有以下几种。①悬吊手筛。将筛吊起,推动吊筛,将杂物分离。

②手摇风筛机。手摇风筛机有 3 层震动筛,按比重大小将杂质分离到不同层筛上,分离出黄瓜种子。③电动风车。电动风车由喂料口、开关、电机、杂质出口及种子出口组成。可清理出轻质杂物和未成熟的种子。

2. 种子的消毒处理 黄瓜种子可携带多种病菌,如枯萎病、蔓枯病、黑星病、褐斑病、疫病、炭疽病、立枯病、细菌性角斑病、病毒病等,对种子进行消毒处理,可控制病虫害的发生和传播。①热处理。在干燥条件下对黄瓜种子进行 70℃高温烤种处理。②药剂处理。可用 50%多菌灵可湿性粉剂 500 倍液,浸种 30 分钟。也可将清水浸泡 4 小时后的种子,再用 0.1%高锰酸钾溶液浸泡 30～60分钟。还可用 10%磷酸三钠溶液浸种 20 分钟。

3. 种子包衣 种子包衣是指在种子表面黏附一层薄的膜状物质,这层物质中含有一定的营养物质、化学药剂、植物生长调节剂及添加剂等。

(1)包衣的作用 ①包衣种子发芽率高,幼苗成活率也高,所以种子包衣后可减少播种量。②由于包衣剂中含有杀菌剂、杀虫剂,并能较长时间保持在种子四周,因此可以延缓病虫害发生。③包衣后可防鼠害、虫害,有利于种子贮藏,可以延长种子贮藏时间。

(2)包衣剂的特性 包衣剂应具有包在种子上能迅速固化为种衣,播在土壤中种皮能吸胀而种衣不会溶解的特性。既可保证种子正常吸水、发芽和生长,又能使药、肥在土壤中缓慢释放,成为种子防止病虫侵害的保护层。

（3）包衣的方法　包衣剂一般包括填料（滑石粉、蛭石粉等）、营养元素、植物生长调节剂、化学药剂（杀菌剂、杀虫剂）、微生物菌种、吸水材料等。现多采用机械包衣的方法，和手工包衣法相比，具有包衣效率高、均匀、省工等优点。包衣时将清选后的种子和调配好的包衣剂按说明书要求，分别放入包衣机械中即可完成包衣。

4. 种子的包装

（1）包装的作用　①保护种子。防止种子散落、混杂，便于搬运、装卸和贮藏。②标示种子。包装上标明品种名称、特征特性、栽培要点等，有介绍宣传品种，说明种子功用等作用。

（2）对包装的要求　①种子符合水分含量及精度标准。②包装材料要防湿、清洁、无毒、轻质、有一定的机械强度。③包装容量要适当，一般适合露地栽培的黄瓜品种每袋种子重 25～50 克；适合保护地栽培的黄瓜品种每袋 5～20 克。④种子包装袋封口要严实，防止种子洒漏。⑤包装袋上的标示内容完整、清晰。必须要印有法定机构签发的标签，标示内容包括品种名称、品种特征特性、采种时间、种子重量、纯度、净度、发芽率、含水量、保存期、栽培技术要点、生产单位、联系方式等。同时，还要配有醒目的品种照片。

（3）包装材料　黄瓜多采用袋装，少量的采用罐装。袋装多用铜版纸、OPP、PE 等材质复合而成，罐装多为马口铁材质。

（4）包装方法　按照包装规格把一定质量的种子放

入种子袋内,用封口机封好种子袋口。常用的种子分装设备有 CJ 系列自动称量机,可在一定范围内按一定重量进行种子分装。常用的封口设备有多功能塑料薄膜连续封口机、自动塑料薄膜封口机等。还有把分装和封口结合在一起的电脑控制型自动包装机,该机自动化程度高,只要把种子和包装袋放入设备,即可按设定的重量进行分装和封口,可大幅度节约人力。

(5)包装后喷码 种子包装后要进行喷码,标记种子生产年限。可使用 CCS-L 喷码机进行喷码。

(6)包装注意事项 ①包装用的各种设备使用后均要及时清理干净,防止机械混杂。②包装袋一定要封好口,防止种子洒漏。

(二)种子的贮藏

1. 种子贮藏的意义 种子离开生产领域,到进入再生产领域前的一段时间,需要对种子进行贮藏。通过适量的贮藏调节市场供应,满足种子需求。同时可利用贮藏的时间,对种子的真实性、一致性进行鉴定,防止混杂种子流向市场。良好的贮藏,应保证种子在流向市场前不混杂、不变质,保证种子的质量。

2. 种子贮藏量的确定 ①根据市场需求量确定种子贮藏量。合理的贮藏量可保证用户需要,保证当地农业生产正常进行。种子贮藏过少会导致供应中断,不能满足生产需求。但贮藏量过高,超出市场需求很多,会导致种子积压,既占用资金,又增加管理成本。②贮藏量还要考虑贮藏条件和种子寿命。制种单位如果有充足的贮藏条件,可以适当提高贮藏量。黄瓜种子的寿命为 4 年左右,寿命较长,贮藏量可适当提高。

3. 种子库的种类 种子库应具有防湿、防热、通风、防虫、防鼠、抗震、防洪等性能。可分为以下几类。

(1)普通贮藏库 接近于自然贮藏,仅能通过通风调节湿度。贮藏黄瓜种子一般不超过 2~3 年。

(2)干燥贮藏库 可通过除湿设备调节湿度,一般可贮藏黄瓜种子 3~4 年。

(3)冷却除湿贮藏库 有制冷和去湿装置,可人为调节温湿度。温度控制在 15℃~20℃,空气相对湿度控制在 50%,黄瓜种子可贮藏 4~5 年。

(4)低温干燥贮藏库 利用冷冻机制冷,干燥剂除湿,温度控制在 0℃ 以下,空气相对湿度控制在 30%~50%,种子可长期保存。主要用于种质资源的贮藏保存。

4. 种子的贮藏方法

(1)种子入库前的准备 种子入库前,应对种子库进行清理,去除杂物、虫窝,并修补破损。为防止仓虫危害,还要对仓库进行消毒处理。可用 90% 晶体敌百虫 800~1 000 倍液喷洒,喷后晾干备用。

(2)种子入库 将经过清选和包装的种子放入种子库内。不同种类和品种的种子应分开存放。大量种子的堆放高度,一般不超过 6 层,堆垛间应留有宽 0.5 米以上的通道。堆垛方向应顺门窗方向,以利于通风。种子柜要分区、分行摆放,既能最大限度地利用空间,又方便查找。

（3）种子库的管理

①合理通风　通风可以降低湿度和温度，交换库内的气体。当库外温湿度低于库内时，可以通风。当库内外温度基本相同，而库外湿度小时，或库内外湿度基本相同，而库外温度低时，可以通风。雨、雪、雾和大风天气均不宜通风。

②温度调控　对于有制冷装置的仓库，可在高温季节开启制冷装置，降低温度，延长种子寿命；在冬季，当仓库可满足贮藏种子温度条件时，则不必开启装置。

③防止种子霉变　种子充分干燥后（含水量要低于10%）才可入库。种子包装要有一定的密闭功能，防止种子吸水；加强管理，降低温湿度；发现霉变种子及时处理。

④定期检查　定期检查种子库内的温湿度、种子含水量、有无霉变、有无虫害、有无鼠害、有无鸟害等，发现问题及时处理。

第六章　制种黄瓜栽培技术

一、制种黄瓜育苗技术

（一）种子处理

黄瓜种子带有枯萎病、蔓枯病、黑星病、褐斑病、疫病、炭疽病、立枯病、细菌性角斑病、病毒病等多种病原菌。播种前进行种子消毒处理，能防止因种子带菌引发的病害。具体方法有以下几种。

1. 种子消毒

（1）温汤浸种　将干种子投入 55℃～60℃ 温水中处理约 10 分钟，处理过程要不断搅拌，降温至 28℃～30℃ 时浸种 4～6 小时，然后用清水淘洗干净进行催芽。

（2）药剂消毒　通常用 0.1％多菌灵盐酸溶液浸种 1 小时，用清水冲洗后再用清水浸种 4 小时，然后催芽。防治枯萎病、黑星病等可用 50％多菌灵可湿性粉剂 500 倍液浸种 1 小时，或 40％甲醛 300 倍液浸种 1.5 小时，捞出洗净。防治病毒病，可用 10％磷酸三钠溶液浸泡 20 分钟，捞出洗净。

（3）种膜剂处理　有些黄瓜种子（目前以国外品种居多）的原种或亲本在使用前，由制种单位用含杀菌剂和多种微量元素的种膜进行包衣处理，用种膜剂处理有良好的杀菌效果。经处理的种子可不经消毒直接浸种催芽，也可直播。

（4）药剂拌种　用药量一般为种子重量的 0.2％～0.5％，拌种时把种子放到罐头瓶内，加入药剂，加盖后摇动 5 分钟，使药粉充分且均匀地粘在种子表面。常用药剂有 50％克菌丹可湿性粉剂、70％敌磺钠可溶性粉剂、50％多菌灵可湿性粉剂等。

2. 浸种催芽　种子经消毒处理后，捞出清洗 1 遍，浸种 4～6 小时，去水甩干，用布包好，置于 26℃条件下催芽。催芽环境要求避光、通气，催芽过程中要常翻动种子，使种子承受温度均匀，最好在中间清洗 1 次种子。一般经 24 小时左右种子开始发芽。如在种子发芽后由于某种原因不能及时播种，可用湿毛巾将种子包好放在 10℃左右的冷凉条件下，抑制幼芽继续生长，等播种条件成熟时再播种。

（二）营养土配制与消毒

1. 营养土配制　用 60％～70％大田土或没种过瓜类作物的菜田土，30％～40％充分腐熟的有机肥（马粪、堆肥、厩肥）配制营养土，每立方米营养土加入磷酸二铵 2～4 千克，或过磷酸钙 3 千克。注意不宜加尿素、碳酸氢铵等速效氮肥，否则易引发生理变异株。

2. 营养土消毒

（1）药土消毒　方法是将药剂先与少量土壤充分混合后再与所需的土量进一步拌匀成药土，播种时，用 2/3 药土铺底，1/3 药土覆盖。可采用 50％多菌灵可湿性粉剂,每平方米苗床用药量为 8~10 克,混土 25~30 千克。

（2）药液消毒　用 50％代森锌可湿性粉剂或 50％多菌灵可湿性粉剂 200~400 倍液消毒,即每平方米床面用药剂原粉 10 克左右,配成 2~4 升药液喷洒。

（3）熏蒸消毒　每平方米苗床用 40％甲醛 30~50 毫升,加水 3 升,喷洒床土,然后用塑料膜闷盖 3 天后揭膜,待气体散尽即可播种。

（三）播种育苗

黄瓜一般采用营养钵、营养土块或穴盘等育苗方式。种子可以直接播在营养钵等育苗容器内,也可先播种于育苗盘,然后再分苗到育苗容器中。播种前浇足底水,土壤湿润深至 10 厘米。70％种子破嘴时,将种子均匀撒播于苗床,或直接播到营养钵、穴盘、营养土块中,然后覆盖消毒后的营养土 1~1.5 厘米。夏、秋季播种,育苗床上覆盖遮阳网或稻草保湿,其他季节播种覆盖地膜保湿。当 70％幼苗顶土时撤除床面覆盖物。

（四）苗期管理

1. 温度管理　夏、秋季育苗采用遮阳覆盖降温。冬春季育苗温度管理见表 6-1。

表 6-1　苗期温度调控标准

时　期	白天适宜温度（℃）	夜间适宜温度（℃）	最低夜温（℃）
播种至出土	25~30	16~18	15
出土至分苗	20~25	14~16	12
分苗或嫁接后缓苗	28~30	16~18	15

续表表 6-1

时　　期	白天适宜温度(℃)	夜间适宜温度(℃)	最低夜温(℃)
缓苗后至炼苗	25～28	14～16	13
定植前 5～7 天	20～23	10～12	10

2. 光照　夏、秋季育苗要适当遮光降温；冬、春季育苗采用反光幕或补光灯等增加光照。当秧苗 2～3 片真叶时适当增大秧苗间距离，使每株秧苗均能较好地接受光照，防止徒长。

3. 肥水　分苗时浇足水，以后视育苗季节和墒情适当浇水。苗期要适当控水控肥，在秧苗 3～4 片真叶时，可结合苗情追施 0.3% 尿素溶液。

4. 分苗　如果种子是播在苗床中，当子叶展平，真叶显现时，将秧苗分到营养钵或穴盘中。分苗移植会伤害一些根系，从而起到抑制幼苗徒长的作用；同时分苗过程可以对幼苗进行选择，淘汰弱苗、病苗，促使幼苗整齐一致。

5. 炼苗　在定植前 1 周，要对秧苗进行抗逆性锻炼。夏、秋季育苗应逐渐撤去遮阳网，适当控制水分；冬、春季育苗应适当降低苗床温度，白天保持 20℃～23℃、夜间 10℃～12℃，并适当控制水分。

(五)壮苗标准

黄瓜壮苗标准为根系洁白，根毛发达，4～5 片真叶的幼苗其侧根应在 40 条左右，下胚轴长度不超过 6 厘米、直径 0.5 厘米以上，子叶完整、全绿、肥而厚、面积为 10～15 厘米^2，真叶水平展开、肥厚、色绿而稍浓，株冠大而不尖。

二、制种黄瓜主要栽培模式

(一)露地春季栽培技术

1. 栽培时期　我国幅员辽阔,南、北方温度差别明显,春黄瓜播期不同。北方地区播种较晚,南方地区播种较早,海拔高的地区播种较晚,平原地区播种较早。北方地区或高海拔地区冬季寒冷,必须在终霜后 10 厘米地温在12℃以上时定植或直播。各地栽培时期见表6-2。

表 6-2　各地春季露地黄瓜栽培时期

代表地区	播种期	定植期	收获期
拉　萨	5 月上旬	6 月中旬	7 月上中旬
西　宁	5 月初	6 月上旬	7 月上旬
呼和浩特、哈尔滨	4 月中下旬	5 月底	6 月中下旬
乌鲁木齐、长春	4 月中下旬	5 月上旬	6 月中下旬
沈阳、兰州、银川、太原	3 月底至 4 月初	5 月上旬	6 月上中旬
北京、天津、石家庄、西安	3 月中旬	4 月下旬	5 月中下旬
昆明、郑州、济南	3 月上中旬	4 月上旬	5 月上旬
上海、南京、合肥	2 月下旬至 3 月上旬	4 月上中旬	4 月中下旬
武汉、杭州	2 月中下旬	3 月下旬	4 月中旬
长沙、成都、贵阳	2 月上中旬	3 月中旬	4 月上中旬
南　昌	1 月下旬至 2 月上旬	3 月上旬	3 月下旬 至 4 月上旬
福　州	1 月上中旬	3 月上旬	3 月上中旬
广州、南宁	12 月下旬至 翌年 1 月上旬	2 月上旬	3 月上旬

　　资料来源:《黄瓜栽培实用技术大全》. 陶正平,1995。

2. 育苗　为了提前收获种子,春季露地黄瓜一般在保护地育苗,终霜后定植。日光温室、塑料大棚、阳畦等均可作为春季露地黄瓜的育苗场所。

3. 定植前的准备　黄瓜忌连作,宜选用 3～5 年未种过瓜类蔬菜的疏松、肥沃的壤土地块。地块要求能灌能排,有可利用水源,修好排水沟。在耕地前每 667 米² 施腐熟有机肥 5 000～7 500 千克作基肥。旋耕后起垄或做畦。一般垄宽 60 厘米,畦宽 1.2 米。定植前在垄上或畦上开定植沟,或定植穴。沟或穴内施用少量复合肥,一般每 667 米² 施三元复合肥 30～40 千克,盖上少量土壤,防止肥料与幼苗根系直接接触。

4. 定　植

(1)定植期的确定　终霜期后,10 厘米地温稳定在 12℃时进行定植。定植要选寒尾暖头、预期 2～3 天内天气晴朗的时期进行。

(2)定植密度　根据品种特征、生长期长短、土壤肥力等情况确定定植密度。开张度大、中晚熟、主侧蔓结瓜的品种密度可适当小一些,每 667 米² 种植 3 000～3 500 株;开张度小、早熟、主蔓结瓜为主的品种密度可适当大一些,每 667 米² 种植 3 500～4 200 株。

(3)定植方法　定植时可先浇水后栽苗,也可先栽苗后浇水。定植水要灌溉充足,待水渗下后封沟或封埯。

(4)覆盖地膜　采用地膜覆盖可以起到提高地温、抑制杂草、防止浇水后土壤表层板结等作用。春季露地黄瓜栽培覆盖地膜可以在定植前进行,然后用打眼器打出定植穴。也可在定植后覆盖地膜。定植前覆膜可以使膜面平整、紧实，但定植水浇得较少；定植后再覆膜一般膜面不平整、不紧实，但定植水可以浇得较多。

5. 定植后的管理 定植后要促进秧苗早缓快发，调节植株营养生长和生殖生长的平衡。

（1）肥水管理 缓苗期以提高地温，促进新根发生和生长为主，此期一般不浇水，以松土保墒为主。中耕时近根处要浅，远根处可深些，注意不要碰动幼苗的土坨。当幼苗生长点有嫩叶发生时表明已缓苗，可浇 1 次缓苗水。缓苗水不宜过大，否则将明显降低地温，不利于幼苗生长。

缓苗后至根瓜坐住前，以控为主，进行蹲苗 2 周左右，控制浇水，多中耕松土。但控苗不可过分，如沙质土壤、光照充足、通过幼苗长相判断确实缺水的情况下，可以轻浇 1 次水，然后松土蹲苗。

黄瓜根瓜坐住后，大多数瓜把颜色变深时，应浇开园水，同时追肥。追肥可以选用腐熟的有机肥或化肥，每 667 米^2 可追施腐熟鸡粪 200 千克，也可追施磷酸二铵 30～35千克或硫酸钾 10～15 千克。根瓜坐住后至授粉前瓜秧还小，温度也不太高，蒸腾量不大，浇水不宜过勤，一般 6～7 天浇 1 次水。

授粉期一般为 3～7 天，此期为了不影响授粉应尽量不浇水。植株确实缺水需要补充水分时，如果每架黄瓜的两行间留有水沟，可在水沟浇水；如果中间没留水沟，则可在作业沟内浇水，浇水宜在上午授粉结束后进行。

授粉后至拉秧前,外界气温逐渐升高,营养生长和生殖生长速度不断加快,肥水的吸收量也不断加大,此期管理上以促为主,应加大肥水供应,可2~3天浇1次水。浇水应在晴天的早晨进行,浇水量不宜过大,要小水勤浇,避免大水漫灌。追肥应结合浇水进行,每隔1次水,随水施1次肥。追肥要化肥和有机肥交替使用,化肥宜选用速效肥,施用量不宜过大,每次每667米^{2}可施尿素8~10千克或磷酸氢铵20千克;有机肥应选用充分腐熟养分含量较高的肥料,如腐熟的鸡粪、人粪等,每次每667米^{2}施用300千克左右。

　　(2)植株调整　为了防止幼苗被风刮断,定植缓苗后应立即开始支架。在风较小的地区可采用人字架,即每株幼苗使用一根架材,4根架材为一组,上部捆绑在一起;风较大的地区要采用花架,架材间互相交叉相连,4根架材为一组,上部捆绑在一起,架头和架尾以6根竹竿为一组进行加固。支架时架材插入土壤的位置要离幼苗7~8厘米远,避免伤根。支架后,当植株生长到能够靠在架材上时要及时绑蔓,防止植株被风吹断和伤根。以后每隔3~4节绑蔓1次。由于卷须易传染病害,且浪费营养,应及时摘除。同时要摘除下部侧枝,中上部侧枝在留种瓜后留2~3片叶摘心。下部非种瓜的果实要及时去掉,防止坠秧。授粉结束后,在最高节位的种瓜上边留5~8片叶打顶,促进养分向种瓜输送。及时摘除下部老叶、病叶,以利于通风透光、减少养分消耗、减轻病害。

　　(3)病虫害防治　春露地黄瓜制种生产中,主要病害有霜霉病、白粉病、细菌性角斑病、病毒病等。害虫主要有蚜虫、红蜘蛛、美洲斑潜蝇等。具体防治方法可参照本书病虫害防治相关内容。

（二）大棚春季栽培技术

1.育苗 春季大棚黄瓜育苗多在日光温室或大棚内进行，大棚育苗应增设小拱棚及草苫等保温设施。幼苗3～4片真叶、苗龄35～45天即可定植。东北北部及内蒙古地区在3月上旬播种；东北南部、华北及西北地区2月份播种。定植前1周，加大通风量，降低温度，夜间温度降至8℃～10℃，并有1～2天经受5℃左右的短时间低温锻炼。定植前2天根据苗情，可喷施0.2％磷酸二氢钾溶液或0.4％尿素溶液，进行叶面补肥。同时，应防治黑星病、霜霉病等病害和蚜虫、潜叶蝇等虫害，具体防治方法参照病虫害防治部分相关内容。

2.整地施肥 为了提高地温，应提早扣棚，最好在定植前提早20天以上扣棚。每667米^{2}施腐熟有机肥5 000～7 000千克、过磷酸钙100千克作基肥，深翻做畦。可以做成高畦或平畦，高畦有利于提高地温，平畦更容易浇水。

3.定植 大棚内10厘米地温稳定在10℃以上，最低气温5℃以上时方可定植。定植要选寒尾暖头的晴天上午进行。最好在定植前1天将幼苗运到定植棚内，以减少定植当天的工作量，争取在上午完成定植。可以墩栽也可以沟栽。采用先铺地膜然后打定植穴的，墩比较小，装水有限，定植时可浇2遍定植水，以保证定植水充足。

后铺地膜或不铺地膜的,可以采用沟栽。开好定植沟后,将苗按株距摆好,然后浇水。采用沟栽的定植水不宜太足,以免地温降低过多,不易缓苗。定植时每 667 米² 可施磷酸二铵或三元复合肥 25～30 千克,采用埯栽的在埯内施肥,上盖少许土壤,然后栽苗,防止肥与根直接接触。采用沟栽的在幼苗间撒施肥料。浇定植水后即可封埯、封垄。

4. 定植后的管理

(1)缓苗期 定植后 5～7 天为缓苗期。此期以升温促缓苗为主,应尽量提高棚温。定植后 2～3 天内一般不通风,在高温高湿条件下促进缓苗。此后如果棚温超过 35℃,可在中午背风的一侧通风,防止高温灼伤叶片。遇到寒潮可在棚内增设小拱棚或天幕,在棚外四侧加草苫保温。没有地膜覆盖的在缓苗期要及时中耕松土,增温保墒。定植后 5～7 天新叶长出后,说明幼苗已缓苗,要及时浇缓苗水,水量不宜过大。结合苗情,可随水追促苗肥,每 667 米² 追施硝酸铵 5 千克左右。

(2)缓苗到根瓜坐住 缓苗后到根瓜坐住为抽蔓期。抽蔓期以促根控苗为主,一般不浇水,以中耕为主。如果不控苗容易造成营养生长过旺,发生徒长,引起化花、化瓜。但过分控苗又容易出现花打顶现象。一般当根瓜变粗、颜色变深时,应停止控苗,开始追肥浇水。此期外界温度尚低,浇水应选晴天上午进行。追肥可每株穴施磷酸二氢钾 5～6 克,也可每 667 米² 施用腐熟稀粪水 200～400 千克或硝酸铵 15～20 千克。此期要求白天温度保持在 30℃～32℃、夜间 12℃～15℃,当棚温达 32℃时开始通风,午后温度降至 25℃以下时闭风。缓苗后应及时进行吊蔓、插架、绑蔓等。为了促进根系和主蔓生长,10 节以下侧枝应尽早打掉。上部侧枝是否打掉要根据植株生长情况而定,叶腋有主蔓瓜的应留主蔓瓜为种瓜,去掉侧枝;无主蔓瓜可保留侧枝,在侧枝留 1 个种瓜,在种瓜上边留 1～2 片叶摘心。下部非种瓜的果实要及时去掉,防止坠秧。下部病叶、老叶要及时打掉。缓苗后到授粉前,植株尚小,此时外界温度也较低,通风量较小,所以浇水次数和浇水量都应少些,一般每 5～7 天浇 1 次水,浇水宜在晴天上午进行。

(3)授粉到拉秧 从授粉到拉秧,营养生长和生殖生长都处于旺盛期,此期外界温度、光照等条件很适合黄瓜生长,应加强肥水管理,满足黄瓜生长发育的需求。一般 3～4 天浇 1 次水,每隔 1 次清水,随水追肥 1 次。追肥可选用腐熟的稀粪或化肥,最好有机肥与化肥交替使用,每次每 667 米^2 施用稀粪水 500～1000 千克,或尿素 10 千克或硝酸铵 15 千克。授粉结束后采用叶面追肥,可每7～10 天喷施 1 次 0.2%磷酸二氢钾溶液,连续喷施 2～3次。此期要采用四段变温管理,上午温度控制在 30℃～32℃、下午 20℃～25℃、上半夜 15℃～20℃、下半夜11℃～15℃。授粉结束后,在最高节位种瓜以上留 5～8片叶打顶,促进养分向种瓜运输,并及时摘除病叶、老叶。

5.病虫害防治 春季塑料大棚黄瓜制种前期容易发生疫病、霜霉病、枯萎病、黑星病等病害,后期容易发生枯萎病、白粉病、霜霉病、细菌性角斑病、靶斑病等病害。整个生育期容易发生温室白粉虱、潜叶蝇、蚜虫、红蜘蛛等虫害。病虫害防治要以防为主,具体方法参见病虫害防治有关内容。

(三)大棚秋季栽培技术

　　塑料大棚秋季制种黄瓜栽培,前期高温,后期低温,与黄瓜生长发育对温度的需求正好相反。不适宜的环境条件,使秋季大棚制种黄瓜病害较多,产量较低,管理难度较大。

1. 培育壮苗

　　(1)播种期　东北、西北地区可在 6 月上旬至 7 月上旬播种;华北地区可在 7 月下旬至 8 月上旬播种;长江中下游地区可在 8 月下旬至 9 月上旬播种。

　　(2)育苗方法　秋季大棚黄瓜可以育苗移栽,也可以直播。前茬作物不能及时倒茬可采用育苗移栽方式;前茬作物能及时倒茬,则宜采用直播方式。直播方式节省人工,同时没有定植后的缓苗期,植株比较健壮。由于苗期正处高温季节,病毒病多发,可在播种前对种子进行药剂浸种处理。方法是将种子先用清水浸泡,然后放入10%磷酸三钠溶液中浸泡 20 分钟,用清水洗净后播种。

　　①育苗移植　育苗一般在小拱棚或塑料大棚内进行。棚室平时通风,遇雨天关闭,防止幼苗被雨浇,引发病害。育苗棚内摆好装好营养土的营养钵或穴盘,浇足底水,然后播种。种子可以催芽后播种,也可以干籽直播。

②直播 先清洁田园,整地做畦。如果前茬施用基肥较多,肥力较高,且行距合适,可以直接利用前茬作物的垄或畦按照一定株距播种;如果前茬施用基肥较多,肥力较好,但行距不合适,可不施肥整地后直接播种;如果前茬肥力较差,要先施肥整地后播种。播种时只留大棚顶部塑料膜防雨,大棚四周打开通风。播种时按株距刨埯,深度5厘米左右即可,然后埯内浇足底水,如果埯小,可以等水渗下后,再浇1次水使底水充足。水渗下后,在埯内播种。如果是催芽后的种子,每埯播种2～3粒;种子没有催芽,可每埯播种饱满的种子4～6粒。播种时每穴内的种子要保持一定间距,不可堆积在一起,同时应使种子处在同一水平面上。然后覆厚约2厘米的细土,轻轻镇压。

(3)**苗期管理** 苗期正处高温多雨季节,应以防病和防徒长为主。苗床顶部要有塑料棚膜防雨,四周通风。为了降低光照,可以使用旧塑料膜或在中午用遮阳网短时间遮阴。苗期要小水勤浇,保证土壤见干见湿。还要注意随时除草和病虫害防治。

2. 整地做畦 如果前茬施用基肥较多,肥力较好,可不施肥直接整地做畦;如果前茬肥力较差,要先施肥再整地。每667米^{2}施用腐熟有机肥3 000～4 000千克,深翻细耙,做成垄或畦。一般垄宽50～70厘米,畦宽100～120厘米。

3. 定植或定苗 采用育苗移栽的,当幼苗具2～3片真叶时定植。定植应选阴天或晴天下午3时后进行,否则光照太强易灼伤幼苗,不利于缓苗。采用开沟栽培,可在株间点施磷酸二铵或其他复合肥,每株施用 5 克左右即可。开沟后可先将幼苗从育苗容器中取出,按株距在沟内摆好,然后在沟内浇足定植水,水渗下后覆土,覆土与幼苗土坨相平即可。也可以先在沟内浇水,然后按株距栽苗,水渗下后覆土。

采用直播方式的,当幼苗叶子互相遮挡时,应进行间苗。当幼苗具 2～3 片真叶时定苗,每墩留幼苗 1 株。间苗和定苗时要淘汰弱苗和病苗。

4. 定植后的管理

(1)授粉前　从定植或播种到授粉前的一段时期,正处在高温多雨季节,要注意通风降温。如果光照太强,而棚室通风能力又有限,应覆盖遮阳网遮阴,减少光照、降低温度,创造适宜秧苗生长的环境条件。

①缓苗期　育苗移栽的从定植到幼苗有新叶产生、叶片变大为缓苗期。此期要保证通风,防止塑料膜滑下导致温度过高。由于移苗栽培的幼苗较大,而又处于光照较强,温度较高的条件下,定植后蒸腾量很大,应覆盖遮阳网遮阴,以降低光照强度和温度,促进缓苗。定植 2～3 天后,浇 1 次缓苗水,浇水要在早、晚进行,水量不宜过大,水面与植株基部刚刚接触即可。缓苗期要及时除草、松土。

②缓苗后至授粉前　此期处于高温多雨季节,发现植株缺水时要浇水,采用小水勤浇的方法,浇水量同缓苗水。小水勤浇既可以保证幼苗水分充足,降低地温,又不

会因为浇水太多,使植株徒长。此期秧苗生长迅速,要及时插架或布置吊绳,进行绑蔓。为促进根系和主蔓生长,10节以下侧枝应尽早打掉。下部不作为种瓜的果实要及时去掉,防止坠秧。下部病叶、老叶要及时打掉,同时要注意及时除草、防止植株被雨水淋湿和病虫害防治等管理。

③促进雌花分化 如果母本试材或品种为普通花型,应在苗期喷施乙烯利促进雌花分化。方法是当幼苗2～3片真叶时喷施100～200毫克/升的乙烯利溶液,即40%乙烯利1毫升对水2～4升,5～7天后再喷1次;如果母本试材或品种是雌型品种则无须处理。

(2)授粉至拉秧期

①温度和光照管理 此期外界温度逐渐降低,覆盖遮阳网的应逐渐去掉遮阳网。授粉期间及授粉后的一段时间内温度尚高,白天要尽量加大通风量,夜晚仍需通风。中后期,白天棚温超过30℃时通风,使棚温保持在25℃～30℃。夜温降至15℃以下时,夜晚闭风,使早晨太阳升起来之前棚温保持12℃～15℃。

②肥水管理 此期是黄瓜生长的最旺盛时期,肥水供应要充足。授粉期间及授粉后的一段时间一般4～5天浇1次水,每隔1～2次水,追肥1次。后期外界温度逐渐降低,每7～8天浇1次水。追肥一般从根瓜坐住时开始,可每次每667米²施尿素10千克或硫酸铵20千克。

③植株调整 普通花型品种可将10节以下侧枝尽早去除,上部侧枝要根据植株生长情况决定去留。叶腋

有主蔓瓜的应留主蔓瓜为种瓜,如果无主蔓瓜可保留侧枝,在侧枝留1个种瓜,在侧蔓种瓜上边留1～2片叶摘心,促进养分向种瓜运输;雌型品种可将所有侧枝去除,完全利用主蔓瓜授粉成种瓜,授粉结束后,在主蔓最高节位种瓜以上留5～8片叶摘心,促进养分向种瓜运输。及时去除病叶、老叶,拔除杂草,促进通风透光。

5.病虫害防治　塑料大棚秋季制种黄瓜病虫害较重,应加强防治。此茬黄瓜早期易发生病毒病、白粉病,中后期易发生霜霉病、细菌性角斑病等病害。全生育期易发生蚜虫、温室白粉虱、潜叶蝇、红蜘蛛等虫害。病虫害防治要以防为主,具体方法参见病虫害防治有关内容。

三、制种黄瓜病虫害防治

(一)病虫害综合防治技术

黄瓜病虫害综合防治可以分为农业防治、生态防治、营养防治、生物防治、物理防治和化学防治等多种方法。农业防治、生态防治和营养防治是分别从农业技术、生态环境、营养状态等方面创造有利于黄瓜生长发育,不利于病虫害生长繁殖的环境条件,从而提高植株抵抗力,减轻病虫危害。生物防治、物理防治和化学防治则分别指利用生物或生物农药、物理方法或化学方法来进行病虫害防治的技术措施。

1.农业防治　农业防治是采用农业技术措施防治病

虫害发生的一种防治方法,其实质是预防病虫害发生,是病虫害综合防治技术的基础。

(1)控制病虫害传入 严格执行检疫制度,加强植物检疫,防止各种病虫害从国外或疫区传入。

(2)正确选择制种茬口和设施 ①根据生产品种的抗性特征,确定采用的茬口和设施。一般适宜保护地栽培的品种在保护地条件下制种,才可以保证病虫害较少,获得较高的产量和质量;适宜露地栽培的品种在露地条件下制种,才可以减少花打顶、褐脉病等生理性病害的发生,同时利用露地制种还可降低制种成本。②选择质量优良的原种(或亲本),并且选用不带病菌、成熟饱满的种子。

(3)培育无病虫壮苗 ①可用温汤浸种、药剂消毒、种膜剂处理及药剂拌种等方法,进行种子消毒。②育苗场所使用前消毒,减少病原菌。③营养土既要通气、有足够营养,也要无病菌、虫卵。④加强苗期管理,及时防治病虫害。⑤嫁接育苗。通过嫁接育苗可有效预防土传病害发生,同时提高植株抗性。所以,保护地重茬制种,有条件的应采用嫁接育苗方式。

(4)改善栽培环境 栽培场所的残枝、落叶、杂草、土壤及保护地的内表面常是病虫栖息之地。应采取以下措施进行改善和优化。

①优化栽培场所 根据实际条件,尽量采用合理的建材修建优质日光温室和大棚,选用抗老化无滴膜,保护地的通风口处要设置防虫网。露地栽培要修好排水沟,

防止水淹制种田诱发各种病害。

②轮作与换土　黄瓜连作易引发和加重各种病害，可通过轮作减少病虫积累，减轻危害。如果条件允许最好能与适宜作物轮作3～4年。如果轮作困难，特别是保护地生产很难轮作，可采用换土的方法达到轮作效果，即用肥沃的大田表土替换重茬的保护地耕作层土壤。

③清洁田园　在播种和定植前要及时清除残枝、落叶、杂草，整个栽培管理过程要及时除草，并摘除老叶、病叶。

④土壤与棚室消毒　利用夏季保护地休闲季节及外界高温条件，进行土壤高温消毒。也可以在播种或定植前每667米^{2}棚室用45％百菌消烟剂200～250克，在傍晚时分堆点燃，密闭棚室熏蒸24小时，打开棚室通风口、待药味散尽即可播种或定植。

⑤深耕晒垡　通过深耕晒垡改变病虫生活的环境条件，从而降低病虫基数。

⑥科学施肥　以有机肥为主，适量使用化肥。有机肥一定要腐熟并经过无害化处理，防止诱发生理性病害及带入病虫；合理使用氮肥，氮肥过多会加重病害发生；适当增施磷、钾肥，增强植株抵抗力。

（5）其他农业措施

①地膜覆盖　地膜覆盖有提高地温、抑制杂草、减少浇水次数、降低空气湿度等作用，进而使环境更适宜黄瓜生长，不适合病菌生长繁殖。

②植株调整　及时绑蔓、打侧枝、去卷须、打掉下部

老叶、病叶等，通过合理的植株调整，可以更好地通风透光，促进黄瓜生长，减轻病害发生。

③中耕除草　及时中耕可以提高地温，促进黄瓜生长，提高植株抗病能力。及时除草可更好地通风，并减少害虫寄主。

2. 生态防治　黄瓜生态防治是指通过调控栽培环境的温湿度等条件，创造出有利于黄瓜生长而不利于病虫害发生的生态环境，从而达到预防与控制病虫害发生的防治方法。

（1）棚室生态调控　病害发生需要一定的温湿度条件，如果温度和湿度条件均能满足病菌生长发育要求，会导致病害迅速发生蔓延。生产中可通过调控棚室的温度和湿度，创造不适宜病菌生长的环境条件，达到预防与控制病害的发生。具体做法是：上午如果室外温度允许，先通风 1 小时，排除湿气，然后密闭棚室，使温度达到28℃～32℃（不可超过 35℃），这样既有利于黄瓜光合作用，又通过温度和湿度双因子抑止病菌生长。中午和下午通风，温度降至20℃～25℃，空气相对湿度降至 65％～70％，保证叶片不结露，通过湿度因子限制病菌的萌发。夜间不通风，空气相对湿度维持 80％以上，但温度降至11℃～12℃，通过温度因子限制病菌生长。

（2）植株微生态调控　侵染黄瓜叶片、果实等部位的病菌多喜酸性，通过喷施化学药剂，改变植株表面微环境，使植株表面呈偏碱性，从而抑制病原菌生长和侵染。常用的化学药剂有 2‰碳酸氢钠 500 倍液等。

3. 生物防治　生物防治是指利用生物或生物药剂来消灭虫害、病害的防治方法。

（1）利用天敌　利用丽蚜小蜂防治温室白粉虱，利用姬小蜂防治美洲斑潜蝇，利用瓢虫、草蛉防治蚜虫、红蜘蛛及温室白粉虱等。

（2）施用昆虫生长调节剂和特异性农药　这类农药可以干扰害虫的生长发育和新陈代谢，使害虫缓慢死亡。而且这类农药具有低毒，对害虫天敌影响小的特点。常用的有除虫脲、虫酰肼、氟啶脲等。

（3）施用生物药剂　生物药剂包括细菌、病毒、抗生素等，这些药剂对人、畜安全，但药效较慢。可用嘧啶核苷类抗菌素或武夷霉素防治白粉病、灰霉病、霜霉病等病害；用新植霉素或硫酸链霉素防治细菌性角斑病。

4. 营养防治　植株体内营养物质的含量和抗病性存在一定关系，通过施用含有一定营养物质的溶液，提高植株体内营养物质含量，可以达到预防与控制病害发生的效果。可采用尿素 0.2 千克加糖 0.5 千克加水 50 升配制成糖尿液，在黄瓜生长盛期每隔 5 天喷施 1 次，连喷 4～5 次，以减轻霜霉病等病害发生。结果期用 0.2% 磷酸二氢钾溶液喷施叶面，每 7～10 天喷 1 次，连用 3～5 次，可以减轻病害发生。

5. 物理防治　利用热、光及隔离等物理方法进行的病虫害防治方法为物理防治。

（1）高温闷棚　密闭棚室，使室温升高至 45℃，持续 2 小时，可以防治霜霉病。

（2）高温土壤消毒　在夏季休闲季节，将重茬地块覆盖地膜，提高地温，可以防治根结线虫病、黄瓜枯萎病等病害。

（3）种子消毒　温汤浸种（55℃～60℃温水浸种15～20分钟）或高温干热条件下（干燥的种子在70℃温箱中处理72小时）处理种子，可以防治由种子带菌传播的多种病害。

（4）黄板诱杀　利用涂有黏虫胶或机油的橙黄色木板或塑料板，可以诱杀蚜虫、温室白粉虱等多种害虫。

（5）银灰膜避蚜　覆盖银灰色地膜可以驱避蚜虫。

（6）紫外线阻断膜　选用紫外线阻断膜作为棚膜，可以减轻灰霉病、菌核病等病害。

（7）覆盖遮阳网　高温强光季节覆盖遮阳网可以降低光照强度和温度，预防病毒病的发生。

（8）覆盖防虫网　在保护地通风口及门口覆盖防虫网可以防止外界害虫侵入。

（9）喷施高脂膜　通过喷施高脂膜，在叶片表面形成一层分子膜，造成缺氧的环境，可使白粉病病菌死亡。

（10）应用大棚蔬菜病虫害防治仪　大棚蔬菜病虫害防治仪能将氧气转变为臭氧，利用臭氧的强氧化性杀灭各种昆虫、真菌、细菌及病毒。应用此仪器可以防治霜霉病、白粉病、灰霉病、疫病、细菌性角斑病等病害及各种害虫。

6. 化学防治　化学防治具有直接、快速有效等特点，但在使用时要严格遵守农药使用原则和标准，选用高效、低毒、低残留农药,并科学合理使用农药。

(1)农药使用原则　使用的农药必须是高效、低毒、低残留的非禁用农药,并严格按照国家农药使用标准使用。选用的药品要经过农业部检验所登记,获得生产许可证,不得购买无厂名、无药名、无说明的"三无"农药。

①国家禁止在黄瓜上使用的农药　共包括以下18种农药:六六六、滴滴涕、毒杀芬、二溴氯丙烷、杀虫脒、二溴乙烷、除草醚、艾氏剂、狄氏剂、汞制剂、砷、铅类、敌枯双、氟乙酰胺、甘氟、毒鼠强、氟乙酸钠、毒鼠硅。

②限用的农药　共包括下列20种农药:甲胺磷、甲基对硫磷、对硫磷(1605)、久效磷、磷胺、甲拌磷(3911)、甲基异柳磷、特丁硫磷、甲基硫环磷、治螟磷、内吸磷(1059)、克百威、涕灭威、杀线磷、硫环磷、蝇毒磷、地虫硫磷、氯唑磷、苯线磷、氧化乐果。

(2)化学防治原则与方法

①细致观察及早发现　按照治早、治小、治了的指导思想,注意田间观察,及早发现,在病虫害发生早期、危害较小时及时进行彻底防治,使病虫害得到有效控制。

②诊断准确用药正确　根据病虫危害症状和特点,做出正确诊断,正确选用药物及防治方法,取得良好防效。

③适时定位用药　要掌握病虫害发病规律,如灰霉病主要侵染花瓣及柱头和小果实,防治灰霉病喷药要提前到花期,重点喷花瓣和幼瓜;霜霉病、白粉病等病害,叶片正面和背面都有病菌分布,所以用药时叶片正、反两面

都要喷到。

④合理混用农药　同类性质(指在水中的酸碱性)的农药才能混用,中性农药与酸性农药可混用,有些农药不可与碱性农药混用,常见的碱性农药有石硫合剂、波尔多液等。

⑤喷药细致交替用药　喷药时雾滴要小,植株的重点部位要喷到;不同类农药交替使用。一般病害每6～7天喷药防治1次,虫害每10～15天喷药防治1次。喷药要选晴天进行,温度高时浓度适当低些,小苗、开花期喷药量要小。

⑥注意安全　保证环境安全,禁止使用国家禁用农药,少用或不用限用农药;保证人员安全,在施药过程做好防护措施,戴口罩、塑料手套、风镜等保护裸露部位,皮肤等处不能直接接触药液,如果打药过程中出现恶心、头晕等现象,应立刻停止打药,如果症状较重需要及时送医院治疗。

(二)主要病虫害防治技术

1. 猝倒病　黄瓜猝倒病俗称"小脚瘟"、"绵腐病",为黄瓜苗期主要病害之一。

(1)症状表现　黄瓜种子尚未发芽就可受到病菌侵染,造成烂种。出土不久的幼苗最易发病,发病时茎基部有水渍状病斑,后病部变淡褐色,病斑迅速扩大,绕茎部一周,病部干枯缢缩呈线状,幼苗子叶尚为绿色即倒伏死亡,湿度大时病部产生白色棉絮状菌丝。出现中心病苗后,几天内以病苗为中心,向邻近幼苗蔓延,造成幼苗成片猝倒死亡。在低温、弱光、高湿条件下,病菌可侵染果实,引起烂果。

(2)防治方法

①农业防治　选用没种过瓜类蔬菜的疏松肥沃的壤土,或专用的育苗土育苗;采用温汤浸种法进行种子消毒。加强管理,保证苗床温度,注意通风换气,降低苗床湿度,提早分苗;发现病株及时拔除,并清除邻近土壤。

②化学防治　种子消毒可用50%多菌灵可湿性粉剂或50%福美双可湿性粉剂或70%敌磺钠可溶性粉剂拌种,用药量分别为种子重量的0.1%、0.4%和0.3%;育苗土消毒预防发病,每平方米苗床施用50%福美·拌种灵可湿性粉剂或50%多菌灵可湿性粉剂或50%福美双可湿性粉剂8~10克,拌10~15千克干细土,混匀配成药土,取1/3药土作底土,2/3药土做表土覆盖在种子上面;发现病株后及时拔除,并立即用药剂防治,可采用喷施、撒施和灌根等方法用药。喷药防治,可选用72.2%霜霉威水剂400倍液,或25%甲霜灵可湿性粉剂800倍液,或64%噁霜·锰锌可湿性粉剂500倍液,或70%代森锰锌可湿性粉剂200倍液,7~8天喷1次,连喷2~3次。撒施防治,每平方米苗床用70%敌磺钠可溶性粉剂4克,加10千克干细土混匀,撒于床面。灌根防治,可用55%甲霜灵可湿性粉剂350倍液,或1%多抗霉素水剂150倍液灌根,每6~7天灌1次,连灌2~3次。

2.立枯病　黄瓜立枯病俗称"烂根"、"死苗",是黄瓜苗期的一种主要病害。

（1）症状表现　主要危害幼苗茎基部或地下根部，初期在下胚轴或茎基部出现暗褐色斑，病斑近圆形或不规则形，病部向里凹陷，严重时围绕茎基部一周，致使病茎部萎缩干枯，地上部叶片变黄，后幼苗死亡，但不易倒伏。根部受害多在近地表根颈处，皮层变褐或腐烂。在苗床内，开始时个别秧苗白天萎蔫，夜间恢复，经数日反复后，病株萎蔫枯死，早期与猝倒病相似，但病情扩展后，病株不猝倒，病部具轮纹或不明显淡褐色网状霉，病程进展慢。

（2）防治方法

①农业防治　选用没种过瓜类蔬菜的疏松肥沃壤土，或专用的育苗土育苗；加强管理，保证苗床温度，注意通风换气，降低苗床湿度，提早分苗；发现病株及时拔除，并清除邻近土壤。

②生物防治　发病后喷施 2%武夷霉素水剂 100～150 倍液进行防治。

③化学防治　用 40%福美·拌种灵可湿性粉剂拌种消毒，每 1000 克种子用药剂 5 克。育苗土消毒预防发病，每平方米苗床施用 40%福美·拌种灵可湿性粉剂或 50%多菌灵可湿性粉剂 8～10 克，拌 10～15 千克干细土，混匀配成药土，3/4 药土作底土，1/4 药土作表土覆盖在种子上面。发病后喷施 30%甲基硫菌灵悬浮剂 600 倍液，或 20%甲基立枯磷乳油 1 200 倍液。如果立枯病和猝倒病同时发生，可用 72.2%霜霉威水剂 400 倍液，或 50%福美双可湿性粉剂 1000 倍液喷淋，每平方米苗床喷药液

2～3升,每7～10天喷1次,连续使用2～3次。

3. 根腐病　根腐病俗称"烂根枯秧",是蔬菜的主要病害之一。黄瓜根腐病分为幼苗根腐病和自根黄瓜根腐病。

（1）症状表现　幼苗根腐病发生在幼苗期,主要侵染根和茎部。病部初为水渍状,随后变为褐色,病斑扩大后环绕根一周,病部凹陷,地上部分逐渐枯萎,根或茎的维管束变成褐色,严重时病部腐烂,不产生新根,最后植株枯死。自根根腐病发生在成株期,主要侵染根和茎,发病初期,病部呈水渍状,后病部腐烂,维管束变褐色,严重时维管束呈束丝状。初期地上部无明显症状,后期地上部中午时叶片下垂,早、晚恢复,严重时叶片萎蔫,早、晚不能恢复;最后枯死。

（2）防治方法　黄瓜幼苗根腐病防治参见猝倒病防治方法。黄瓜自根根腐病的防治方法如下:

①农业防治　与十字花科作物进行3年以上轮作,或换土,或土壤消毒;使用腐熟的有机肥,增施磷、钾肥,提高植株抗病力;采用高畦栽培,防止大水漫灌,适时松土增加土壤通透性。

②化学防治　在每年发病期来临之前进行灌根预防,发现中心病株及时拔除,并喷、灌药剂。可选用50%甲基硫菌灵可湿性粉剂1500倍液,或50%多菌灵可湿性粉剂500倍液,或50%苯菌灵可湿性粉剂1500倍液,或70%代森锰锌可湿性粉剂500倍液,或64%噁霜·锰锌可湿性粉剂500倍液喷施或灌根,灌根每株0.25升药液,

每7～8天喷或灌1次,连续喷或灌2～3次。

4. 霜霉病 俗称"黑毛"、"跑马干",是黄瓜的一种普遍病害。在适宜条件下,发病迅速,在生产上危害很大。

(1)**症状表现** 苗期、成株期均可发病,主要危害叶片。苗期发病,初期在子叶上出现褪绿点,逐渐形成枯黄色不规则病斑,湿度大时,子叶背面形成灰黑色霉层。成株期发病,初期在叶缘及叶背面出现水渍状褪绿点,病斑很快扩展,受叶脉限制形成多角形水渍状病斑,湿度大时比较明显。1～2天后水渍状病斑逐渐变成黄色、黄褐色至褐色,湿度大时叶背面病斑出现灰黑色霉层。发病重时叶片布满病斑,致使叶缘卷缩干枯,最后叶片枯黄而死,植株提前拉秧。品种抗病性不同,症状也有所不同,感病品种常表现出以上的典型症状。而抗病品种发病时,叶片褪绿斑扩展缓慢,病斑较小,病斑多角形甚至圆形,病斑背面的霉层稀疏或没有,病情发展较慢,很少造成提早拉秧的情况。

(2)**防治方法**

①**农业防治** 及时清除田间枯枝败叶,将枯枝败叶烧毁或掩埋。

②**生态防治** 白天把棚室气温控制在28℃～32℃,超过30℃开始通风;下午棚室气温下降至20℃时闭风;夜间室外气温13℃以上时可整夜通风,12℃～13℃时通风3小时,11℃～12℃时通风2小时,10℃～11℃时通风1小时,要保证夜晚棚室温度低于20℃再闭风。要防

止棚室湿度过大,避免出现 95%～100% 的空气相对湿度,以免叶片上产生水膜。除了采用合理的通风换气措施外,应合理浇水,防止浇水过勤、过多。可采用膜下暗灌,有条件的采用膜下滴灌、渗灌。浇水应在晴天上午进行,浇水后闭棚提温,然后通风排湿。具体控制指标如表 6-3 所示。

表 6-3 温湿度控制防治霜霉病

时 间	上 午	下 午	上半夜	下半夜
空气温度(℃)	30～32	20～25	14～16	12～13
空气相对湿度(%)	60～70	60	80～90	90
霜霉病	温、湿度双限制	湿度单限制	温湿度交替限制	温度单限制
黄瓜生长	适宜光合作用	适宜光合作用	光合产物可正常运输	减少呼吸消耗

③营养防治 定期进行根外追肥,提高植株体内一些营养物质含量,可以达到预防与控制病害发生的作用。可用尿素 0.2 千克加糖 0.5 千克加水 50 升配制溶液,在生长盛期每隔 5 天喷施 1 次,连喷 4～5 次,可以减轻霜霉病等病害发生。或用 0.2% 磷酸二氢钾溶液喷施叶面,每 7～10 天喷 1 次,连用 3～5 次,可以减轻病害发生。

④生物防治 发病前和发病初可用 2% 嘧啶核苷类抗菌素水剂 200 倍液喷施,防治霜霉病发生。

⑤物理防治 病情严重时,可采取高温闷棚的方法。闷棚前 1 天浇足水,摘掉发病严重的叶片,把接触到棚膜

的瓜秧弯下龙头。闷棚当天要求天气晴朗，在上午 10 时左右密闭棚室，使气温上升至 44℃～46℃，持续 2 小时，然后逐渐加大通风量，使温度恢复为常温。温度计要挂在龙头的位置，温度不可超过 47℃。闷棚后加强肥水管理。

⑥化学防治　发病初，可选用 25％甲霜灵可湿性粉剂 500 倍液，或 75％百菌清可湿性粉剂 500 倍液，或 58％甲霜·锰锌可湿性粉剂 400 倍液，或 64％噁霜·锰锌可湿性粉剂 400 倍液。发病较重时，可用 72％脲霜·锰锌可湿性粉剂 600～800 倍液，或 72.2％霜霉威水剂 600～800 倍液，或 25％醚菌酯悬浮液 1500 倍液，或 53％甲霜·锰锌水分散粒剂 400～600 倍液。每隔 6～7 天喷 1 次，连喷 3～4 次，农药要交替使用，喷药要细致，叶片正、反面都要喷到。当棚室内湿度较大时，应使用粉尘剂或烟剂。粉尘剂可选用 5％百菌清粉尘剂，早晨或傍晚密闭棚室，每 667 米² 每次用 1 千克粉尘剂喷施，根据病情每 8～10 天喷 1 次，连喷 3～4 次，喷后 1 小时进行通风。烟剂可每 667 米² 选用 45％百菌清烟剂 200～250 克，将烟剂均匀放置于棚内，傍晚闭棚后点燃熏烟，7 天熏 1 次，连续熏 3～5 次。

5.黑星病　黄瓜黑星病俗称"流胶病"，是保护地黄瓜栽培的主要病害之一。该病由国外传入，是国内植物检疫对象。

（1）症状表现　黄瓜全生育期都可发病，除根部以外的任何部位均可受害，嫩叶、生长点及幼瓜等幼嫩部位受害重。①叶片受害,初期产生褪绿斑点,近圆形,一般较小,后期病部中央脱落穿孔,留下星纹状的边缘。抗病品种在侵染点处形成黄色小点,病斑不扩展;感病品种在叶片上形成较大枯斑,条件适宜时病斑扩展。②生长点受害,龙头失绿成黄白色,有时流胶,最后造成秃尖,严重时生长点附近均受害,造成茎和叶片扭曲变形。③茎部及叶柄受害,病部先呈水渍状褪绿,有乳白色胶状物产生,后期病斑呈污绿或暗褐色,胶状物变成琥珀色,病斑沿茎沟扩展呈菱形或梭形,中间向下凹陷,病部表面粗糙,严重时从病部折断,湿度大时产生黑色霉层。④卷须受害,病部形成梭形病斑,黑灰色,最后卷须从病部烂掉。⑤果实受害,如果环境条件适宜病菌生长繁殖,病菌不断扩展,病部凹陷,开裂并流胶,生长受到抑制,其他部位照常生长,造成果实畸形;如果环境条件不适宜病菌生长繁殖很慢,瓜条可以进行正常生长,待幼瓜长大后,组织成熟而不易被侵染,此时即使环境条件适合黑星病的发生,也不会造成畸形瓜,只是病斑处褪绿、凹陷,病部呈星状开裂并伴有流胶现象。湿度大时,病部可见黑色霉层。

（2）防治方法

①农业防治　选用无病种子或对种子进行消毒处理,可采用温汤浸种,或用 0.1％多菌灵盐酸溶液浸种 60 分钟。育苗场所消毒处理,栽培场所进行轮作或土壤消毒。定植时密度不宜过大。管理上要增施磷、钾肥,控制浇水,注意通风透光,升高棚室温度,发现中心病株要及时拔除。

②生物防治　发病初期可用1％武夷霉素水剂100倍液喷施，每4～5天喷1次，连喷3～4次。

③化学防治　发现中心病株及时拔除，并在田间及时喷药预防。发病前每667米² 可用6.5％甲霜灵粉尘剂或10％百清·多菌灵粉尘剂或5％异菌·福美双粉尘剂1千克喷撒，隔7天喷撒1次，连用4～5次，进行预防。发病初期可用50％多菌灵可湿性粉剂800倍液，或70％代森锰锌可湿性粉剂800倍液，或25％醚菌酯悬浮剂1500倍液，或40％氟硅唑乳油6000～8000倍液，7～10天喷1次，连用2次。

6. 白粉病　黄瓜白粉病俗称"白毛"，是黄瓜的一种常见病。一般在生长后期发生严重。

（1）**症状表现**　白粉病一般先从下部叶片开始发病，逐渐向上发展。叶片、叶柄及茎均可受害，但以叶面为主。叶片染病，先在叶面形成近圆形白色小粉斑，病斑逐渐向外缘扩展，形成无一定边缘的大白粉斑。严重时病斑连片，整个叶片布满白粉，叶背面也可被感染而形成病斑。后期白粉斑上长出黑褐色小斑点，最后叶片黄化、干枯。叶柄受害形成近圆形病斑，当叶柄上的霉斑环绕一周后，叶片变黄枯死。茎部受害症状与叶柄相似。抗病品种病斑少、粉层稀疏，感病品种病斑多、粉层厚。

（2）**防治方法**

①农业防治　对育苗和栽培场所消毒处理，避免重茬。加强栽培管理，增施磷、钾肥，注意通风透光等。

②生物防治　发病初可用2％武夷霉素水剂200倍

液,或 2%嘧啶核苷类抗菌素水剂 200 倍液,每 7 天喷 1次,连用 2～3 次。

③物理防治　喷施高脂膜使叶片表面形成一层分子膜,造成缺氧的环境,使白粉病病菌死亡。可用 27%高脂膜乳剂 100 倍液喷施,每 6 天喷 1 次,连用 3～4 次。

④生态防治　白粉病病菌喜酸性,叶片表面微环境呈偏碱性时,可抑制病原菌生长和侵染。可用 2%碳酸氢钠 500 倍液,每 3 天喷 1 次,连喷 5～6 次。同时碳酸氢钠喷施后可分解放出二氧化碳,促进光合作用。

⑤化学防治　白粉病发生前及初期每 667 米² 用45%百菌清烟剂 150～200 克熏棚。发病期间可用 30%氟菌唑可湿性粉剂 1500～2000 倍液,或 50%多菌灵可湿性粉剂 800 倍液,或 50%硫磺悬浮剂 300 倍液,或 25%三唑酮可湿性粉剂 2000 倍液,或 70%甲基硫菌灵可湿性粉剂 800～100 倍液喷施,每 7 天喷 1 次,连用 2 次,不同农药要交替使用。

7. 灰霉病　黄瓜灰霉病主要在保护地发生,并随着日光温室栽培发展,日益严重。

(1)症状表现　主要危害果实。病菌从开败的雌花侵入,雌花受害后花瓣腐烂,并长出灰褐色霉层。病菌向果实发展,致使果实脐部呈水渍状,灰绿色,病部萎缩呈现"尖瓜"状,湿度大时病部长满灰色霉层。脱落的病瓜或病花接触叶片可导致叶片感染。叶片染病初期病部呈水渍状不规则形病斑,湿度大时病斑迅速扩展成大斑,病部变黄、软腐,并有浅灰色霉层。脱落的病瓜或病花附着在茎上时,可引起茎部发病,导致茎节腐烂,严重时数节腐烂,使茎蔓折断,植株枯死,病部可见灰褐色霉层。

（2）防治方法

①农业防治　实行轮作或土壤消毒；及时摘除败花,深埋或烧掉,减少病菌与病菌入侵通道；该病在气温高于25℃后发病明显减轻,高于30℃不发病。生产中白天提高棚温,并及时通风或铺地膜降低空气湿度,减少结露时间,可有效抑制病菌侵染；加强采收期管理,增施磷、钾肥,提高植株抗性；及时摘除病叶、病瓜,减少田间菌源。

②生物防治　可喷施2%武夷霉素水剂200倍液,每7天喷1次,连用2～3次。

③化学防治　灰霉病发病前和发病初期采用烟剂或粉尘剂防治。烟剂可选用40%腐霉·百菌清烟剂或40%百菌清烟剂或40%异菌·百菌清烟剂,每667米² 每次用250～350克,熏烟4～5小时,每7天1次,连用2～3次；粉尘剂可用5%百菌清粉尘剂,于傍晚闭棚喷撒,每667米² 每次用1千克,每7～10天1次,连用2～3次。发病期间可用药液喷花或蘸花,可用50%腐霉利可湿性粉剂1000倍液,或50%异菌脲可湿性粉剂1000～1500倍液,或50%乙烯菌核利可湿性粉剂1000倍液。农药应交替使用。

8. 炭疽病　炭疽病在黄瓜全生育期均可发病,生长中后期较重,如果瓜条带菌,在黄瓜贮运过程中可继续发病。

（1）症状表现　病菌侵染叶片、茎和果实。幼苗期发病,多以子叶发病为主,产生半圆形或圆形黄色病斑,病斑边缘明显,病部粗糙,稍凹陷,湿度大时病部产生黄色胶状物,严重时病部破裂。幼苗期也可在茎基部发病,病部开始褪绿,后病部缢缩,湿度大时产生黄色胶质物,严重时从病部折断,幼苗倒伏。

成株期受害,叶片上先产生水渍状褪绿小斑点,后扩大成近圆形红褐色病斑,外围一圈黄色晕圈,病斑互相融合形成不规则大斑,后期病斑上出现许多小黑点,湿度大时有红色黏稠状物溢出。环境干燥时,病斑中部易破裂穿孔,最后叶片干枯死亡;湿度大时,植株新叶易受害,病斑扩展快,并融合形成褪绿色大斑,病斑形状不规则,有时病部破裂。茎及叶柄受害时,在茎及叶柄上形成长圆形凹陷斑,初呈水渍状,淡黄色,后变成黄褐色,当病斑环绕茎或叶柄一周时,造成上部枯死,在茎节结处发病时,会产生不规则黄色病斑,略凹陷,有时流胶,严重时从病部折断。果实受害,病部出现淡绿色圆形斑,稍微凹陷,病斑中部有小黑点,后期常开裂,有时产生粉红色黏稠物,干燥时病斑处逐渐干裂露出果肉。一般嫩果不易发病,大瓜或种瓜容易发病。

(2)防治方法

①农业防治 选用无病种子或播种前进行种子消毒;避免重茬并进行土壤消毒,育苗场所和育苗土消毒,可防治苗期感病;增施磷、钾肥,提高植株抗病能力;及时清洁田园,减少菌源;实行高畦覆膜栽培,保护地加强通风,降低湿度,减轻病害发生;农事操作要细致小心,避免

创伤,减少病菌侵入口。

②生物防治　可用2％嘧啶核苷类抗菌素水剂200倍液,每7～10天喷1次,连用2～3次。

③化学防治　可用50％甲基硫菌灵可湿性粉剂700倍液＋75％百菌清可湿性粉剂700倍液,或50％苯菌灵可湿性粉剂1 500倍液,或80％福·福锌可湿性粉剂800倍液,或65％代森锌可湿性粉剂600倍液,每7～10天喷1次,连用2～3次。阴雨天气可使用2％百菌清粉尘剂喷施,每667米² 每次用1千克,每7～10天喷1次,视病情连用2～3次。

9. 枯萎病　黄瓜枯萎病又叫蔓割病、萎蔫病,是黄瓜的土传病害,主要在成株期发病,造成死秧,是黄瓜主要病害之一。

(1)症状表现　种子带菌可造成烂籽,不出苗。苗期发病,子叶变黄萎蔫,茎基部呈黄褐色水渍状软腐,湿度大时可见白色菌丝,根毛消失,幼苗猝倒枯死。成株期发病,一般在结瓜后开始发病,先从下部叶片开始表现症状,初期病株一侧叶片或叶片的一部分均匀黄化,病株继续生长,严重时中午叶片下垂,早、晚恢复,萎蔫叶片自下而上逐渐增加,渐及全株。一段时间后,叶片全天均萎蔫,早、晚不能恢复,最后枯死。在病株茎基部可见水渍状缢缩,主蔓呈水渍状纵裂,维管束变成褐色,湿度大时病部产生白色或粉色霉层。茎节部发病,病斑呈不规则多角形,湿度大时有粉色霉层产生,病部维管束变褐。发病后期病斑逐渐包围整个茎部,使内部病菌堵塞维管束,同时分泌毒素使植株中毒死亡。发病后期病菌可侵入种子,造成种子带菌。

（2）防治方法

①农业防治 采用与非瓜类作物轮作,或进行土壤消毒,或保护地进行换土等措施;选用不带病菌的种子或进行种子消毒;以黑籽南瓜为砧木,嫁接育苗;加强栽培管理,避免大水漫灌,及时中耕,提高土壤通透性,避免伤根,结瓜期加强肥水管理,提高植株抗病能力。

②化学防治 种子消毒,可用50%多菌灵可湿性粉剂或50%福美双可湿性粉剂拌种,用药量分别为种子重量的0.1%和0.4%。也可用40%甲醛100倍液浸种30分钟,冲洗后再用清水浸种4～5小时催芽。苗床消毒,每平方米苗床用50%多菌灵可湿性粉剂8克处理畦面。定植前土壤消毒,在定植沟或穴内施用甲硫·福美双混剂（70%甲基硫菌灵与50%福美双等量混合）,每667米²用药2.5千克,加细土150千克配成药土后使用。发病前或刚发病喷施药液,可用10%多抗霉素可溶性粉剂1 000倍液,或50%多菌灵可湿性粉剂500倍液,每7～8天喷1次,连用3次。也可用药剂灌根,可选用70%甲基硫菌灵可湿性粉剂1 000倍液,或20%甲基立枯磷乳油800～1 000倍液,或50%苯菌灵可湿性粉剂1 000倍液,或95%敌磺钠可溶性粉剂750倍液,进行灌根,每株0.3～0.5升,每7～10天1次,连用2～3次。

10.疫病 黄瓜疫病俗称"死藤"、"烂秧",是黄瓜的一种土传病害,条件适宜时,蔓延很快,常猝不及防。

（1）症状表现　幼苗及成株均可发病，侵染叶片、茎蔓、果实等。幼苗发病多从嫩尖开始，初呈暗绿色水渍状萎蔫，病部缢缩，病部以上干枯呈秃尖状。子叶发病形成形状不规则褪绿斑，湿度大时很快腐烂。成株期发病可导致茎基部、茎蔓结节和叶柄处发病，其中主要在茎基部发病。茎基部发病初期在茎基部或一侧出现水渍状病斑，很快病部缢缩，导致地上部迅速萎蔫呈青枯状，但维管束不变褐。茎蔓结节和叶柄处发病，出现暗绿色水渍状软腐，湿度大时迅速发展包围整个茎，病部明显缢缩，病部以上叶片萎蔫。瓜条染病，形成水渍状暗绿色病斑，略凹陷，湿度大时，病部产生灰白色霉层，瓜软腐，有腥臭味。疫病在田间干旱条件下病情发展较慢，但可造成其他病菌的复合侵染，浇水后病情发展很快，植株很快死亡。

（2）防治方法

①农业防治　选用无病土育苗，与非瓜类作物实行 3 年以上轮作；加强栽培管理，培育壮苗，采用高畦地膜覆盖栽培，露地栽培要通畅排水，控制浇水，避免大水漫灌，叶片上无水膜时再进行农事操作等；发现病株要及时拔除。

②化学防治　种子消毒，用 25％甲霜灵可湿性粉剂800 倍液，或 72.2％霜霉威水剂 800 倍液浸种 30 分钟。苗床消毒，每平方米苗床用 25％甲霜灵可湿性粉剂 8 克与土拌匀撒在苗床上。保护地土壤消毒，在定植前用25％甲霜灵可湿性粉剂 750 倍液喷淋地面。发现中心病

株后要及时拔除病株,然后立即用药,可选用 72.2% 霜霉威水剂 600～800 倍液,或 64% 噁霜·锰锌可湿性粉剂 500 倍液,或 72% 霜脲·锰锌可湿性粉剂 700 倍液,或 75% 百菌清可湿性粉剂 600 倍液,或 55% 甲霜灵可湿性粉剂 500 倍液,或 53% 甲霜·锰锌水分散粒剂 400～600 倍液,采用喷、灌结合的方法进行防治,先灌后喷,每株灌根 0.2～0.3 升,每 7 天左右用药 1 次,连用 3～4 次。农药要交替使用。

11. 蔓枯病　黄瓜蔓枯病是一种土传病害,秋露地、秋大棚及日光温室黄瓜栽培较易发病,其发生严重程度与年份有关。

（1）**症状表现**　多在成株期发病,主要危害叶片和茎蔓。叶部受害,病斑初期近圆形、半圆形或自叶缘向内呈“V”形,淡褐或黄褐色,病部有时有轮纹但不明显,上生许多黑色小点,病斑直径 1～3.5 厘米,少数更大,可达半个叶片,后期病斑易破碎。茎蔓染病大多在节部,出现不规则形病斑,逐渐扩展,有时可达几厘米长,表皮可开裂,病部粗糙,有时伴有透明胶体流出。发病后期,病部呈黄褐色,逐渐干缩,湿度大时病部有黑色霉层产生,上生许多小黑点,最后病部呈乱麻状,引起蔓枯。

（2）**防治方法**

①农业防治　种子消毒,与非瓜类作物实行 2～3 年轮作或进行土壤消毒;清洁田园,减少初侵染源;采用高畦地膜覆盖栽培,减少土壤中病菌溅射到植株茎叶上的机会;加强栽培管理,培育壮苗,施足基肥,及时排水,采

用膜下灌水,避免大水漫灌,保护地要加强通风透光。

②化学防治 播种前用种子重量 0.3％的 50％福美双可湿性粉剂拌种消毒。定植前用 5％菌毒清水剂 150倍液,或 50％咪鲜胺可湿性粉剂 1500～2000 倍液对棚室内的土表、架材、墙壁喷洒。发现病株后及时用药,常用药剂有 75％百菌清可湿性粉剂 600 倍液,或 50％甲基硫菌灵可湿性粉剂 500 倍液,或 65％甲硫·乙霉威可湿性粉剂 600～800 倍液,每 5～7 天喷 1 次,连喷 3～4 次。

12. 菌核病 黄瓜菌核病在保护地和露地均有发生,早春大棚、越冬温室发生严重。

(1)症状表现 病菌可以侵染果实及茎叶等部位。果实染病一般从果实顶部的残花开始,初期果脐部呈水渍状腐烂,并长出白色菌丝,菌丝集结形成菌核,菌核初期为黄白色,后变成黑褐色鼠粪状。茎蔓染病主要从茎基部开始,或茎蔓与病瓜、病花接触处染病,初期水渍状,很快扩展,病茎软腐,并长出白色菌丝,最后菌丝集结成菌核。

(2)防治方法

①农业防治 采取轮作或换土,或在夏季把病田灌水浸泡半个月,杀死菌核;清洁田园,减少病原菌;深翻土壤 15 厘米以上,阻止孢子囊盘出土;用温汤浸种法进行种子消毒;避免大水漫灌,及时通风,降低湿度。

②化学防治 发病后采用烟雾或喷粉法防治,烟雾法可用 10％腐霉利烟剂或 45％百菌清烟剂,每 667 米^{2}每次用药约 0.3 千克,熏 1 夜,每 7～10 天 1 次,连用 3～

4 次;喷粉法用 5％百菌清粉尘剂,每 667 米² 每次用药 1 千克喷粉。盛花期发病,可喷施 50％乙烯菌核利可湿性粉剂 1500 倍液,或 50％异菌脲可湿性粉剂 1000 倍液,或 40％菌核净可湿性粉剂 1500 倍液,或 20％甲基立枯磷乳油 1000 倍液,或 21％氟硅唑乳油 400 倍液,每 7 天喷 1 次,连续喷 3～4 次。病情严重时可将上述药剂配成 50 倍液,涂抹在病部。

13. 黄瓜斑点病

(1)症状表现 多在开花结果期开始发病,主要危害中下部叶片。发病初期,病斑呈水渍状,后变为淡褐色,中部色较浅,病斑逐渐干枯,周围有水渍状浅绿色晕环,病斑直径 1～3 毫米,最后病斑中部呈淡黄色或灰白色薄纸状。

(2)防治方法

①农业防治 与非瓜类作物实行 3 年以上轮作。露地栽培要修好排水沟,保护地栽培要及时通风,注意控制湿度。

②化学防治 发病后及时喷药防治,可用 50％肿·锌·福美双可湿性粉剂 800 倍液,或 40％氟硅唑乳油 1000 倍液,或 70％甲基硫菌灵可湿性粉剂 1000 倍液＋75％百菌清可湿性粉剂 1000 倍液,以上药剂交替使用,每 7 天喷 1 次,连喷 2～3 次。

14. 黄瓜褐斑病

(1)症状表现 褐斑病多在黄瓜盛瓜期开始发病,主要危害叶片,严重时危害茎蔓和叶柄。叶片发病,先从中下部叶片开始，后向上部叶片蔓延。初期叶面产生灰褐色小斑点，逐渐扩展成边缘不整齐、圆形或近圆形淡褐色至褐色的病斑，病斑大小不等。后期病斑中部颜色变浅，有时呈灰白色，边缘灰褐色。湿度大时病斑正、反面均生稀疏的淡灰褐色霉状物。病斑连片，叶片很快枯黄而死。发病重时，茎蔓和叶柄也可感病，感病部位出现椭圆形灰褐色病斑，严重时引起植株枯死。

（2）防治方法

①农业防治　对黄瓜种子和嫁接砧木南瓜种子，用55℃温水浸泡30分钟消毒；加强栽培管理，氮肥不可使用过量，增施磷、钾肥，适量补充硼肥，注意通风降湿；及时去除病叶。

②化学防治　发病后立刻喷药防治，可用75％百菌清可湿性粉剂500倍液，或50％福美双可湿性粉剂＋65％代森锌可湿性粉剂（1∶1）500倍液，或75％百菌清可湿性粉剂＋70％多菌灵可湿性粉剂（1∶1）500倍液，或75％百菌清可湿性粉剂＋50％乙烯菌核利可湿性粉剂（1∶1）1 000倍液，以上药剂交替使用，每7～10天喷1次，视病情连用2～3次。

15.细菌性角斑病　黄瓜细菌性角斑病保护地和露地均可发生，可造成减产甚至绝收，是黄瓜的主要病害。

（1）症状表现　幼苗期到成株期均可染病，主要危害叶片，还可危害茎、叶柄、卷须、果实、种子等。子叶染病，初期叶背面呈水渍状近圆形病斑，稍凹陷，后期病斑呈黄褐色。真叶染病，先出现针尖大小水渍状褪绿斑点，病斑不断扩大,受叶脉限制,病斑呈多角状,黄褐色或黄白色,湿度大时叶背面病斑处可见乳白色菌脓,即细菌液,干燥时菌脓呈白色薄膜或白色粉末,病部质脆易穿孔。病斑在抗性不同品种叶片上的表现有所不同,抗病品种病斑小,菌脓少,感病品种病斑大,菌脓多。茎、叶柄染病,先形成水渍状小点,后沿茎沟方向形成条形病斑,病斑凹陷,严重时开裂,湿度大时病部有菌脓产生,菌脓沿茎沟向下流,形成一条白色痕迹。卷须染病,严重时病部腐烂,卷须折断。果实染病,初期出现水渍状斑点,斑点圆形略凹陷,扩展后在果实表面形成不规则或连片的病斑,在果实内部维管束附近的果肉变成褐色,后期湿度大时,病部产生大量菌脓,呈水珠状,果实软腐并有异味。病菌还可以侵入种子,使种子带菌。

(2)防治方法

①农业防治　与非瓜类作物施行 2 年以上轮作;选用无病种子或通过温汤浸种法对种子消毒;采用无病土育苗,培育无病壮苗;及时清除病残体,减少病原菌;加强管理,尽量避免出现高湿环境,可采用地膜覆盖、控制浇水、及时通风等方法降低湿度。

②生物防治　播种前用 90%新植霉素可溶性粉剂3000 倍液,或 72%硫酸链霉素可溶性粉剂 500 倍液浸种2 小时,用清水洗净后催芽。发病后可用 72%硫酸链霉素可溶性粉剂 4000 倍液,或 90%新植霉素可溶性粉剂4000 倍液喷施,每 7~10 天喷 1 次,连喷 3~4 次。

③物理防治　种子干热消毒,方法为将晾干的种子

置于 70℃温箱干热灭菌 72 小时。

④化学防治　发病后及时喷药防治，可用 50％琥胶肥酸铜可湿性粉剂 500 倍液，或 60％琥·乙磷铝可湿性粉剂 500 倍液，或 58％甲霜灵可湿性粉剂 500 倍液，或 77％氢氧化铜可湿性微粒剂 600～700 倍液，以上农药交替使用，每 7～10 天喷 1 次，连喷 3～4 次。如果棚室湿度大，可用 5％春雷·王铜粉尘剂喷粉，每 667 米² 用药 1 千克，在早、晚密闭棚室使用。

16. 黄瓜花叶病　为系统感染，病毒可以到达除生长点以外的任何部位，一般在夏秋季节容易发生。

（1）症状表现　苗期和成株期均可发生，可危害叶片、茎蔓、果实等部位。叶片发病，苗期子叶变黄枯萎，幼叶呈深绿与浅绿相间的花叶，病叶出现不同程度的皱缩、畸形；成株期发病，新叶呈黄绿相间的花叶，病叶皱缩变小，叶片变厚，严重时叶片反卷。茎部发病，节间缩短，茎蔓畸形，最后导致病株叶片枯萎。瓜条受害，果面呈现深绿及浅绿相间的花色，凹凸不平，瓜条畸形。重病植株上部叶片皱缩变小，节间变短扭曲，不结瓜，最后植株萎缩枯死。

（2）防治方法

①农业防治　采用护根育苗方法，减少伤根；随时清除田间杂草，防治蚜虫、白粉虱等传播病毒的昆虫。

②化学防治　发病后立即喷药防治，可用 20％吗胍·乙酸铜可湿性粉剂 600～700 倍液，或 38％菇类蛋白多糖可湿性粉剂 600～700 倍液，或 10％三氮唑

核苷可湿性粉剂 800～1000 倍液,以上药剂要交替使用,每 6～10 天喷 1 次,连喷 4～5 次。

17. 黄瓜绿斑花叶病

(1)症状表现 黄瓜绿斑花叶病分绿斑花叶和黄斑花叶两种类型。绿斑花叶型,苗期染病幼苗顶部的 2～3 片叶子呈亮绿或暗绿色斑驳,叶片较平,产生暗绿色斑驳的病部隆起,新叶浓绿,叶片变小,引起植株矮化,叶片斑驳扭曲。瓜条染病时,果面出现浓绿色花斑,有的产生瘤状物,致果实畸形。黄斑花叶型症状与绿斑花叶型相近,但叶片上产生淡黄色星状疱斑,老叶近白色。

(2)防治方法

①农业防治 采用护根育苗方法,减少伤根;在农事操作时避免伤害植株,接触病株后及时把手和工具用肥皂水洗净。

②物理防治 晾干的种子置于 70℃温箱干热灭毒 72 小时。

③化学防治 种子用 10%磷酸三钠溶液浸泡 20 分钟消毒,清水冲洗 2～3 次后催芽。发病后及时喷药防治,可用 20%腐霉利悬浮剂 500 倍液,每 5～7 天喷 1 次,连喷 5 次。

18. 枯边病 又称焦边叶,主要在保护地生产中发生。

(1)症状表现 植株中部叶片发病最重,部分或整个叶缘发生干枯,干枯部分可深入叶内 3～5 毫米。

(2)防治方法 ①及时通风,通风时要逐渐加大通风量,避免通风过大或过急。②降低土壤含盐量。对高盐分土壤,可在夏季休闲期灌大水,连续泡田 15～20 天,淋溶掉土壤中盐分;配方施肥,不可过量施肥,使用腐熟有机肥,少用副成分残留土壤多的化肥。③喷药时不要随意加大浓度,而且雾滴要小,喷药量以叶面完全覆盖又不形成药滴为宜。

19. 叶灼病 主要在保护地生产中发生。

(1)**症状表现** 日光温室南部的植株中上部叶片发病多,特别是接近或触及棚膜的叶片症状较重。初期叶脉间出现灼伤斑,病部褪绿变白,后病斑扩大,连接成片,严重时整个叶片变成白色,最后叶片黄化枯死。

(2)**防治方法** ①及时通风,避免棚温超过 37℃。若棚温高,通风不能降至所需温度时,应覆盖遮阳网降温;若此时棚室内湿度较低,也可采用喷冷水的方法,既可直接降低气温,又可增加空气湿度,提高植株耐受高温的能力。②用高温闷棚控制霜霉病时,要严格掌握温湿度和时间,以龙头处的气温 44℃～46℃,持续 2 小时为宜。注意龙头高触棚顶时要弯下龙头,闷棚前 1 天要灌足水,提高植株的耐热力。

20. 花斑病 俗称"蛤蟆皮叶",多在保护地生产中发生。

(1)**症状表现** 发病初期叶脉间的叶肉形成深浅不一的花斑,继而花斑中的淡色部分黄化,叶片表面凹凸不平,凸出部分呈黄褐色,最后整个叶片变黄、变硬,叶缘下垂。

(2)**防治方法** ①促进根系的发育。培育壮苗,适时定植,定植后注意提高地温。②科学施肥。使用充分腐熟的有机肥,注意不要缺钙、硼肥。③防止夜间温度过低,上半夜温度控制在 15℃～20℃。④使用含铜药剂时,不要随意加大浓度。

21. 泡泡病　主要发生在冬季保护地黄瓜生产中。

(1)症状表现　主要在植株中下部叶片发病。发病初期在叶片上产生直径约 5 毫米的鼓泡,不同叶片,产生的鼓泡数量差别很大。鼓泡多向叶正面方向突出,致使叶片凸凹不平,凹陷处常有白毯状非病菌物质,鼓泡的顶部,初期呈褪绿色,后期变为灰白色、黄色或黄褐色。发病叶片生长缓慢或停滞,光合能力降低。

(2)防治方法　①注意增加光照和提高温度。选用抗老化无滴膜,并经常擦洗棚膜,增加透光性能。温室后墙增设反光幕,必要时进行人工补光。优化棚室结构,采用地膜覆盖栽培,控制浇水,避免大水漫灌。低温季节注意地温保持在 15℃～18℃。②适时适量追肥,提高植株抗逆性。可追施二氧化碳气肥,或喷施叶面肥。

22. 龙头紧聚　俗称"花打顶",主要在保护地生产中发生。

(1)症状表现　植株顶端茎节短缩,顶部叶片变小,生长点部位密生花朵,龙头紧聚,瓜秧生长停滞。

(2)防治方法

①预防措施　一是合理施肥。施用充分腐熟的有机肥,化肥要深施,避免与根系直接接触,防止烧根引起发病。二是注意提高地温。冬、春季栽培要采用地膜覆盖,

控制浇水,避免出现低温高湿影响根系生长的土壤条件,防止沤根引起发病。三是采用护根育苗,定植与中耕操作要细致,减少根系损伤,防止伤根引起发病。四是育苗时夜温不可过低,防止低温引起发病。五是不可控水过度,以免过于干旱引起花打顶。六是药剂防治病虫害时要严格按要求配制与使用农药,防止药害造成花打顶。

②补救措施　一是加强管理。适当升高温度,注意灌水,暂不追肥。二是疏花。摘除顶部大部分花朵,抑制生殖生长。三是每 7 天喷 1 次细胞分裂素 300～400 倍液,可有效地促进侧芽萌发,并使其快速生长。

23.气体危害　发生在保护地生产中,当某种气体超过一定浓度范围时,对植株造成一定危害。常引起黄瓜危害的气体有氨气、二氧化硫、二氧化氮等。

(1)症状表现　氨气危害,先在叶片上出现水渍状斑点,颜色逐步变浅成白色或淡褐色,叶缘呈灼烧状,严重时叶片变褐甚至全株枯死。二氧化硫危害,低浓度时会使部分叶片黄化,浓度为0.5％时 1～2 小时后植株叶缘和叶脉间就会形成白色和褐色枯死小斑点;浓度为 3％时 2 小时后全株死亡。二氧化氮危害,浓度为 0.2％时,出现受害症状,从下部叶片首先产生症状,开始时气孔部分成为漂白斑点状,严重时除叶脉外叶肉全部漂白致死。

(2)防治方法　①氨气危害的防治。氮肥要少量多次施用,最好与过磷酸钙混合施用,施后多浇水或盖土。不使用挥发性氮肥和未腐熟的有机肥,同时不过量施用有机肥。施肥后,要尽量通风,排出有害气体。②二氧化硫气体危害的防治。合理布置炉体、烟道,炉体最好能与栽培区隔离,烟道的密封性要好,使用优质原煤,发现栽培区有烟味,要立即通风换气,并适当浇水、追肥。③二氧化氮气体危害的防治。合理施肥,不要一次施入大量氮肥,若土壤过酸,要施入适量的石灰进行中和。

24. 褐脉病　保护地春季黄瓜栽培容易发生褐脉病。

(1)症状表现　一般从叶片基部开始发病,逐渐向上发展。首先网状叶脉变褐色,然后支脉变褐色,最后主脉也变成褐色。对着阳光观察叶片,可见叶脉变褐部分坏死。有时沿叶脉出现黄色小斑点,斑点扩大成近褐色条斑。

(2)防治方法　①改良土壤理化性质,避免土壤过酸或过碱。②施用充分腐熟的有机肥,追肥要适时适度,不可过量,同时要注意钙肥的使用。③选用保护地专用品种。④避免使用含锰农药,发现症状时可喷含磷、钙、镁的叶面肥。

25. 缺 氮 症

(1)症状表现　缺氮先从老叶开始黄化,叶脉突出,植株瘦弱,叶片变小,严重时全株淡黄色,老叶死亡,幼叶停止生长,腋芽枯死或休眠,根呈褐色,果实变小畸形,产量降低。

(2)防治方法

①预防措施　选用疏松保水保肥的壤土栽培;基肥应充足,施用充分腐熟的有机肥;露地栽培采用地膜覆盖,防止氮素淋溶;采收期及时追施尿素、硝酸铵等。

②补救措施　出现症状,及时追施速效氮肥,如尿素、硝酸铵等,也可以叶面喷施 0.2%～0.3% 的尿素溶液。

26. 缺磷症

(1)症状表现　幼苗期缺磷,叶片伸展不开,叶色暗绿,变小,硬化。成株期缺磷,根部及茎尖生长缓慢,分枝减少,节间变短,叶片变小,叶色暗绿,下部叶片容易枯死。

(2)防治方法

①预防措施　育苗土选择疏松透气、营养充分的过筛细土,可施入一定量磷酸二铵,补充磷肥;选择通气性好保水保肥的壤土栽培;施足基肥,使用充分腐熟的有机肥作基肥;采收期及时追施磷肥,如随水追施磷酸二铵、磷酸铵等,也可叶面喷施 0.2% 磷酸二氢钾溶液。

②补救措施　出现症状,及时追施磷肥,每 667 米² 施磷酸铵 1～1.5 千克,或叶面喷施 0.2% 磷酸二氢钾溶液 2～3 次。

27. 缺钾症

(1)症状表现　植株生长缓慢,节间变短,叶片变小。从下部叶片开始发病,然后逐渐向上部叶片发展。小苗期发病叶缘轻微黄化,大苗期黄化扩展到叶脉间的叶肉细胞,结果期中部以上失绿叶片可向外侧卷曲。叶片失绿不断扩展,最后造成叶片枯死。缺钾时容易形成畸形瓜,减产严重。

（2）防治方法

①预防措施　选用通气性好保水保肥的壤土栽培；施足基肥,使用充分腐熟的有机肥,每 667 米² 加入硫酸钾 5～15 千克；采收期及时追施钾肥,可每 667 米² 每次随水追施硫酸钾 10～15 千克,也可叶面喷施 0.2％磷酸二氢钾溶液,每 7～10 天 1 次,连用 3～5 次。

②补救措施　出现症状,及时追施钾肥,可每 667 米² 随水追施硫酸钾或硝酸钾 15 千克左右,每 7～10 天 1 次,共追施 3～5 次。也可叶面喷施 0.2％磷酸二氢钾溶液,每 7～10 天 1 次,共喷 3～5 次。

28. 缺钙症

（1）症状表现　植株幼嫩部位首先发病。顶叶变小皱缩,叶缘枯死,叶脉黄化,植株矮小,最后生长点坏死。幼果发病,导致果实变小,品质较差,甚至幼果腐烂坏死。

（2）防治方法

①预防措施　选择非盐渍化土壤栽培；对缺钙土壤,定植前深施生石灰或过磷酸钙；避免一次大量施入氮肥和钾肥；不可过于干旱,保证一定的空气湿度。

②补救措施　出现症状,及时补充钙素营养,可叶面喷施 0.3％氯化钙溶液,每 7～10 天 1 次,共喷 3～4 次。如果由于空气湿度过小导致的缺钙,要适当浇水或喷施清水,或减少通风量。

29. 缺镁症　俗称"绿环叶"、"白化叶"。

（1）症状表现　一般进入结果期发生。先是主脉间叶片褪绿,褪绿不断向叶缘发展,最后除叶缘和主叶脉外全部变为黄白色,叶缘上卷。

(2)防治方法

①预防措施　选择近中性壤土栽培,不可用过酸、过碱、沙性化严重的土壤栽培;基肥充足,施用充分腐熟的有机肥,合理搭配使用化肥;避免大水漫灌,造成土壤湿度过大,影响根系吸收,并导致淋溶镁的流失。

②补救措施　出现症状,要及时补充镁素营养,可叶面喷施 1%~2%硫酸镁溶液,每 7~8 天 1 次,连喷 2~3 次。

30. 根结线虫

(1)危害特点　根结线虫主要发生在侧根和须根上,造成根部长有根结,影响根部吸收功能,进而造成植株地上部分萎蔫、枯死。线虫在根部生长繁殖,初期根部无明显症状,一段时间后病部产生瘤状根结,剖检根结,可见内有许多细小乳白色线虫,严重时整个根部长满根结。根部受害较重的植株地上部分叶片黄化、中午萎蔫、植株矮小,严重的植株枯死。田间整体看,植株生长不整齐,好像浇水不均匀造成的,但拔出病株,可见根部症状。

(2)防治方法

①农业防治　与对根结线虫免疫的蔬菜作物,如葱、韭菜、大蒜等轮作 2~3 年。也可以换去 30 厘米的表土;选用无虫营养土育苗;拉秧后清理田园,清除根系、杂草;定植前,深耕晾晒土壤;闲置季节,连续灌水,保持地表积水 3 厘米左右 5~7 天,减少虫口密度。

②生物防治　定植后可用 1.8%阿维菌素乳油 3 000

倍液灌根。

③物理防治 在夏季休闲季节,将重茬地块覆盖地膜及棚膜,提高地温,进行土壤高温消毒,以减少虫口密度。

④化学防治 定植前结合整地每 667 米^2 用 3%氯唑磷颗粒剂 8 千克。定植时可地表喷药杀虫,每 667 米^2 用 30%除线特乳剂 1.5～2.5 千克,对水稀释成 300～350 倍液喷施。

31.瓜蚜 俗称"腻虫"、"蜜虫"。

(1)危害特点 以成虫和若虫在叶背、嫩茎和嫩尖上吸食汁液。瓜苗嫩叶及嫩尖被害后,叶片卷缩,生长停滞,严重时整株枯死。老叶被害,严重时可导致叶片干枯死亡,造成减产。瓜蚜还能传播病毒病、煤污病等病害。

(2)防治方法

①农业防治 随时清除栽培田及附近杂草等寄主;苗期注意防虫,培育无虫苗。

②生物防治 保护或放养天敌,天敌有七星瓢虫、异色瓢虫、草蛉、食蚜蝇、食虫蝽、蚜茧蜂等。

③物理防治 保护地育苗及栽培,在通风口设置防虫网;张挂黄板诱蚜或用银灰膜避蚜。

④化学防治 发现蚜虫及时用药防治,保护地用烟剂防治,效果较好,每 667 米^2 每次用杀蚜烟剂 400 克,每 7～8 天熏 1 次,连用 2～3 次。喷雾防治可用 10%吡虫啉可湿性粉剂 2500 倍液,或 50%抗蚜威可湿性粉剂 2 000～3 000 倍液,或 15%哒螨酮乳油 2500～3500 倍液,或 20%甲氰菊酯乳

油 2000 倍液,或 2.5% 三氟氯氰菊酯乳油 3000 倍液,以上药剂要交替使用,每 5～6 天喷 1 次,连喷 3～4 次。喷洒时应注意喷施植株上部和叶背面,尽可能喷射到虫体上。

32. 温室白粉虱 俗称"小白蛾",是保护地黄瓜主要害虫之一。

(1)危害特点 以成虫和若虫吸食植物汁液,导致叶片褪绿、变黄、萎蔫,严重时全株枯死。可分泌蜜液,污染叶片和果实,传播病毒病、煤污病等病害,降低产量和商品性。

(2)防治方法

①农业防治 清洁育苗场地和栽培场地,减少虫源;不与白粉虱发生严重的番茄、茄子、菜豆等蔬菜混栽和邻栽;及时处理整枝时打下的叶片、侧枝及温室内外的杂草,减少虫源。

②生物防治 在保护地内放养天敌,如草蛉或丽蚜小蜂对防治白粉虱有很好效果。

③物理防治 育苗及保护地栽培要在通风口设置防虫网;张挂黄板诱杀白粉虱。

④化学防治 发现害虫及时喷药防治,可用 10% 噻嗪酮乳油 1000 倍液,或 2.5% 联苯菊酯乳油 3000 倍液,或 15% 哒螨灵乳油 2500～3500 倍液,或 20% 甲氰菊酯乳油 2000 倍液,或 2.5% 三氟氯氰菊酯乳油 3000 倍液。各种药剂交替使用,每 5～7 天喷 1 次,连喷 2～4 次。喷洒时应注意喷施植株上部和叶背面,尽可能喷射到虫体上。也可用烟剂防治,每 667 米^2 每次用 30% 蚜虱一熏净

烟剂 300～400 克熏棚,每 7～8 天 1 次,连熏 2～3 次。

33. 美洲斑潜蝇　为世界性检疫害虫,对蔬菜生产危害很大。

(1)危害特点　成虫、幼虫均可危害。雌成虫刺伤叶片,取食和产卵。卵在叶片中发育成幼虫,潜入叶片和叶柄危害,产生 1～4 毫米宽的不规则线状白色虫道。叶片被侵入部分,叶绿素被破坏,影响光合作用。受害重的叶片脱落,可造成幼苗死亡,成株减产。

(2)防治方法

①农业防治　严格检疫,防止扩大蔓延;育苗前要清洁育苗场所,定植前清洁栽培场所,并深翻土壤,减少虫源;合理安排茬口,对虫害很重的地区,秋季栽培非寄主或美洲斑潜蝇不喜食的蔬菜,翌年春季再栽培黄瓜。

②生物防治　在保护地内放养潜蝇姬小蜂、反颚茧蜂等天敌。也可用 1.8% 阿维菌素乳油 3000 倍液喷施,使用时加入适量白酒可以提高药效,也可用 6% 绿浪(有效成分烟碱十百部碱＋楝素)水剂 1000 倍液喷施。以上药剂每 7 天喷 1 次,连喷 2～4 次。

③物理防治　在成虫始盛期,每 667 米² 设置 15 个诱杀点,每个点放置 1 张诱蝇纸诱杀成虫,每 3～4 天更换 1 次;黄板诱杀,利用涂有黏虫胶或机油的橙黄色木板或塑料板诱杀成虫。

④化学防治　发现害虫及时用药防治,可用 98% 杀螟丹可溶性粉剂 1000～1500 倍液,或 40% 阿维·敌敌畏乳油 1000 倍液,或 1.8% 阿维菌素乳油 2500 倍液,或

48％毒死蜱乳油800～1000倍液等,药剂交替使用,每7天喷1次,连喷2～4次。

34. 朱砂叶螨 又名红叶螨、红蜘蛛。

(1)危害特点 以若虫或成虫聚集在叶背危害,在叶背面吐丝结网,刺吸植物汁液,并分泌有害物质进入寄主体内,导致寄主生理代谢出现紊乱。被害后叶片形成枯黄斑,严重时整株叶片干枯脱落,植株枯死。

(2)防治方法

①农业防治 秋末及时清洁田园,深翻田地,减少虫源与越冬寄主;冬季进行冬灌压低越冬虫口基数;早春清除田边杂草及残枝败叶,减少越冬的虫源;与十字花科或菊科作物轮作或邻栽。

②化学防治 发现害虫及时喷药防治,可用5％噻螨酮可湿性粉剂(对成螨无效)1500～2000倍液,或20％双甲脒乳油(对越冬卵无效)1000～1500倍液,或73％炔螨特乳油(对卵效果差)2000～3000倍液,或35％阿维·炔螨特乳油1200倍液,或2.5％联苯菊酯乳油1500倍液,药剂交替使用,每7～10天喷1次,连喷2～3次。

35. 茶黄螨 俗称"茶嫩叶螨"、"白蜘蛛"。

(1)危害特点 成螨和幼螨集中在植株幼嫩部分刺吸汁液,受害叶片叶色浓绿,失去光泽,叶片变厚、皱缩,叶缘下卷。受害叶背面呈灰褐或黄褐色,具油脂光泽或油渍状。受害嫩茎变黄褐色,扭曲畸形,严重者植株顶部干枯。由于虫体极小(仅0.21毫米),肉眼难以发现,此虫危害容易被误诊为生理性病害或病毒病。

（2）防治方法

①农业防治　及时清洁田园，拔除杂草，深翻田地，减少虫源与越冬寄主。

②生物防治　可用1.8%阿维菌素乳油3000倍液喷施防治，每10天喷1次，连喷2～3次。

③化学防治　发现害虫，及时喷药防治，可用21%氰戊·马拉松乳油2000倍液，或2.5%联苯菊酯乳油3000倍液，或73%炔螨特乳油2000倍液，药剂交替使用，重点喷植株上部，每10天喷1次，连喷3次。

36.野蛞蝓　俗称"鼻涕虫"、"无壳蜒蚰螺"，原来主要分布在南方各地，近年来在北方保护地蔬菜生产中也有发生。

（1）危害特点　主要在黄瓜幼苗真叶出现前危害，刮食黄瓜生长点和子叶，造成叶片生长点消失，对幼苗危害很大。

（2）防治方法

①农业防治　清洁田园，铲除杂草，破坏其栖息和产卵场所；休闲季节深翻土壤，使部分越冬虫暴露地面；用菜叶、杂草等做诱饵，清晨前集中人工捕捉。

②化学防治　用10%多聚乙醛颗粒剂配成含有效成分2.5%～6%的豆饼粉或玉米粉毒饵，傍晚施于田间诱杀。也可每667米^{2}用10%多聚乙醛颗粒剂2千克，撒于田间毒杀。